STERNFÜHRER

EIN PRAKTISCHER FÜHRER
ZU DEN WICHTIGSTEN STERNBILDERN

MARK WESTMOQUETTE

Librero

Titel der Originalausgabe: *Stars: A Practical Guide to the Key Constellations*

Verleger DAVID BREUER
Art-Direktor JAMES LAWRENCE
Programmleiter TOM KITCH
Verantw. Redakteurin MONICA PERDONI
Redakteurin ELIZABETH CLINTON
Designmanagerin ANNA STEVENS
Designerin GINNY ZEAL
Illustrator MELVYN EVANS
Illustrator (S. 76, 82, 88 und 100) STUART EDWARDS
Verlagsassistentin CHLOE MURPHY

Übersetzung aus dem Englischen: Marion Dill, Rye
Redaktion und Satz der deutschen Ausgabe:
Print Company Verlagsges.m.b.H., Wien

MIX
Papier aus verantwortungsvollen Quellen
FSC
www.fsc.org
FSC® C016973

Printed in China

ISBN: 978-94-6359-511-7

INHALT

EINLEITUNG

Der Himmel in einer klaren, dunklen Nacht ist atemberaubend. Die meisten von uns erkennen das eine oder andere der berühmten Sternbilder, aber was ist mit all den anderen? Es kann uns tief mit unserer Menschlichkeit verbinden, durch unsere gemeinsame Kulturgeschichte und durch unsere Neugier auf das Universum etwas über den Nachthimmel zu lernen und zu erfahren.

Die möglicherweise älteste bekannte Sternkarte zeigt ein vor über 32.000 Jahren auf einen Splitter eines Mammutstoßzahns eingeritztes Muster von Markierungen, das auffallende Ähnlichkeit mit dem Sternbild Orion hat. Seitdem haben verschiedene Kulturen die Sterne in Sternbildern gruppiert, die vielfach mit Mythen und Geschichten verbunden worden sind. Natürlich hatten diese Sterngruppen einen praktischen Nutzen: Seefahrer benötigten erkennbare Wegweiser und Bauern einen Kalender zum Säen und Ernten; letztendlich aber drücken Sternbilder unseren Wunsch aus, dem unergründlichen Gewirbel der Sterne einen Sinn zu verleihen. Einige der uns überlieferten Erzählungen haben ihre Wurzeln in den allerersten Zivilisationen, wie die Spuren von Gemeinsamkeiten, die man über Kontinente und Kulturen hinweg gefunden hat, beweisen.

Sternbilder oder Konstellationen formieren sich normalerweise um Asterismen, den von markanten Sternen gebildeten Sterngruppen. Der Bereich, der das Sternbild umfasst, ist gewöhnlich viel größer als der eigentliche Asterismus und kann Tausende von weniger hellen Sternen enthalten. Die bekannten Sternbilder sind in Wirklichkeit anders, als sie uns vom Planeten Erde aus vorkommen: Die Sterne in jedem beliebigen Sternbild scharen sich im Weltraum nicht zusammen, sondern liegen an gänzlich unterschiedlichen Entfernungen von uns. Die drei Sterne des Oriongürtels beispielsweise sind 736 Lichtjahre (Alnitak), 1340 Lichtjahre (Alnilam) und 915 Lichtjahre (Mintaka) entfernt. Das heißt, dass wir diese Sterne von einem anderen Teil unserer Galaxie aus in einem anderen Sternmuster sehen würden. Die erste systematische Liste von Sternbildern wurde im 2. Jahrhundert n. Chr. vom griechisch-ägyptologischen Astronomen Ptolemäus angelegt, der 48 Sternbilder der Nordhemisphäre aufzeichnete. Vom klassischen Zeitalter bis zum 16. Jahrhundert identifizierten verschiedene Beobachter Sternbilder der Südhemisphäre. Im Jahr 1930 legte die Internationale Astronomische Union (IAU) die heutigen 88 Sternbilder mit genauen Grenzen und Koordinatenlinien fest.

Die Bewohner der entfernteren Nordhemisphäre sind nicht in der Lage, einige der Sterne zu sehen, die für die Bewohner an weiter entfernt liegenden Orten der Südhemisphäre sichtbar sind und umgekehrt. Der Polar- oder Nordstern etwa ist für die, die südlich des Äquators leben, nicht sichtbar. Auch das sonnennächste Sternsystem Alpha Centauri ist für die Menschen nördlich des 30. Breitengrads nie am Horizont zu sehen. Aus diesem Grund sind die einigen Kulturen bekannten Sternbilder für andere Zivilisationen stets verborgen geblieben.

Leider haben diverse Faktoren dazu geführt, dass viele nichtwestliche Mythen und Geschichten aus einheimischen Kulturen auf der ganzen Welt verschwunden sind. In manchen Gebieten sind Bemühungen im Gange, das, was noch vorhanden ist, zu retten und zu dokumentieren. In diesem Buch sind die Mythen aus anderen Kulturen und entsprechenden Verbindungen, sofern bekannt, erwähnt worden.

ANWENDUNG DER KARTEN

Der Kartensatz befasst sich mit den wichtigsten Sternbildern, die weltweit an unterschiedlichen Orten zu sehen sind, einschließlich einiger Konstellationen, die nur zur Nord- und Südhemisphäre gehören. Für jedes Sternbild werden vier Aspekte untersucht:

Praktischer Aspekt – wie man die Sternbilder mithilfe der tragbaren Sternkarten findet und identifiziert.

Kultureller Aspekt – die Mythen und Geschichten hinter dem Sternbild.

Philosophischer Aspekt – wie uns unser Wissen über das betreffende Sternbild helfen kann, als bessere Menschen zu leben.

Wissenschaftlicher Aspekt – einige Infos darüber, was die moderne Astronomie über das besagte Sternbild entdeckt hat.

LOCHKARTEN

Der Kartensatz enthält 20 Lochkarten, mit denen Sie die Sternbildmuster ausmachen können. Ein Licht durch die Karte auf den Boden oder eine Wand richten, damit Sie das Sternbild wie am Nachthimmel sehen. Für die Sternenbeobachtung müssen Sie die Karten zur Ausrichtung eventuell drehen.

Scheinbare Helligkeit	● **Unter 0** (am hellsten)	● **0–3**	● **Über 3** (am mattesten)

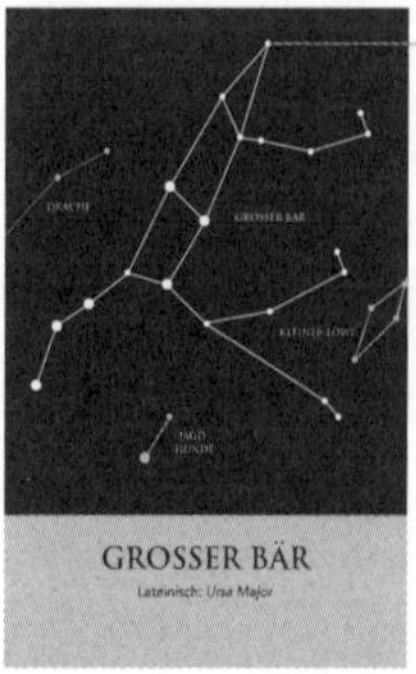

Die Hauptsterne des Sternbilds sind auf den Karten mit Löchern markiert, deren Größe der scheinbaren Helligkeit jedes Sterns entspricht (siehe Schlüssel oben). Die helleren Sterne haben niedrigere Zahlen (die Sonne hat -26,7 auf der Skala, wenn man sie von der Erde aus beobachtet).

Auf der Rückseite der Karte finden Sie einen Standortführer mit dem Breitengrad, von dem man das Sternbild sehen kann, und der Jahreszeit bzw. des Monats, in der es am höchsten am Himmel steht.

STANDORTFÜHRER

Der Große Bär ist eines der am einfachsten zu identifizierenden Sternbilder. Die sieben hellsten Sterne dieses Sternbilds bilden den Asterismus des Großen Wagens, einer der bekanntesten Formen am Himmel.

BESTE ZEIT ZUM BEOBACHTEN

In Breiten zwischen +90° und -30° sichtbar.
Am besten am Abendhimmel im April zu sehen.

DAS BUCH

In diesem Buch finden Sie die Geschichte des Sternbilds und seiner kulturellen Bedeutung, zusammen mit Karten, die seine Position in Bezug auf andere Sternbilder, die Milchstraße und die Ekliptikebene (die scheinbare Sonnenbahn am Himmel) angeben.

Es enthält Listen von Himmelsereignissen wie Meteorschauern, die ihren Ursprung innerhalb der Grenzen des Sternbilds haben, sowie von Deep-Sky-Objekten, die mit einem Fernglas oder einem Teleskop zu sehen sind. Zu diesen Objekten gehören Sternhaufen, Nebel und Galaxien.

Die Deep-Sky-Objekte sind mit ihrem üblichen Namen (sofern vorhanden) und ihrer Katalogsbezeichnung wie folgt aufgelistet:
Barnard – dunkle Nebel, von Edward Emerson Barnard im Barnard-Katalog (1919; aktualisiert 1927) identifiziert;
Caldwell – Objekte aus dem Caldwell-Katalog, 1995 von Patrick Moore als Ergänzung des Messier-Katalogs zusammengestellt;
IC – Objekte aus dem *Index Catalogue of Nebulae and Clusters of Stars* (1895 und 1908); Aktualisierungen zum NGC;
M – Objekte aus dem Messier-Katalog, 1774 von Charles Messier zusammengefasst;
NGC – Objekte aus dem New General Catalogue (1888);
UGC– Objekte aus dem Uppsala General Catalogue (1973).

Es gibt eine Liste von Meteorschauern. Der Ausgangspunkt jedes Schauers (Radiant) befindet sich innerhalb des Sternbilds. Angegeben sind auch Datum des Höhepunkts des Schauers und Ursprungskörper (falls bekannt).

Sterne ohne gebräuchliche Namen erhalten die Bayer-Bezeichnung nach Johann Bayers 1603 kreiertem System. Es ist eine aus drei Buchstaben bestehende Abkürzung des Sternbildnamens, der ein griechischer oder lateinischer Buchstabe vorangestellt ist; für die hellsten Sterne werden griechische Buchstaben verwendet; darauf folgen lateinische für schwächere Sterne.

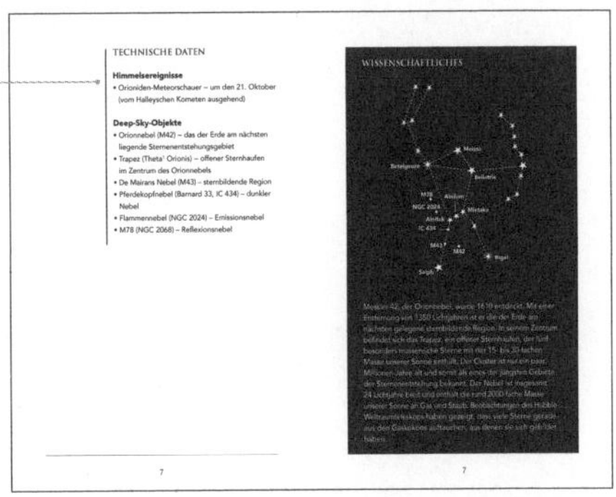

ORION

Nach dem mythologischen griechischen Jäger Orion benannt

Orion, eines der berühmtesten Sternbilder, ist auf der ganzen Welt zu sehen. Orion ist von Homer und Virgil und selbst in der Bibel erwähnt worden; manche behaupten, dass die Ägypter die drei Hauptpyramiden von Gizeh so angelegt haben, dass sie die relativen Positionen der Sterne im Oriongürtel nachbildeten. Orion ist für die Wettervorhersage und als Kalendermarkierung benutzt worden, und die indigenen Navajo in Nordamerika wussten, dass die Aussaat von Getreide im Mai erfolgen musste, wenn Orion in der Abenddämmerung unterging.

Die volle Größe der Konstellation erreicht fast die Ekliptikebene (eine imaginäre Linie, die die Bahn der Sonne am Himmel markiert); Orion gehört jedoch nicht offiziell zu den 12 Sternbildern des Tierkreises, die alle an der Ekliptik liegen.

Der Riesenstern Betelgeuze leuchtet rot; Rigel, Bellatrix, Meissa und die drei Sterne des Oriongürtels – Alnitak, Alnilam und Mintaka – hingegen erscheinen bläulicher. Unterhalb des Oriongürtels (von der Nordhemisphäre aus gesehen) liegen die Sterne vom Schwert des Orions, und in klaren Nächten erkennt man das rötliche Glühen des Orionnebels (M42).

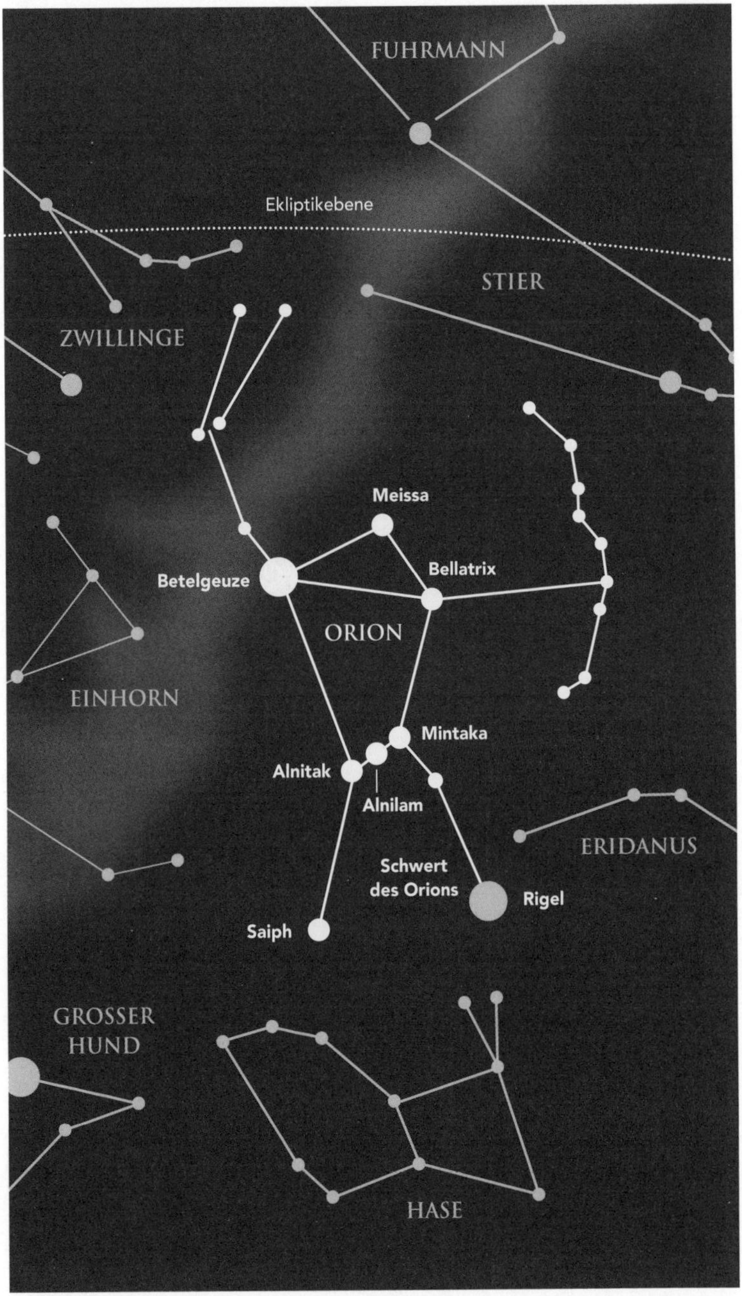
FUHRMANN
Ekliptikebene
STIER
ZWILLINGE
Meissa
Bellatrix
Betelgeuze
ORION
EINHORN
Mintaka
Alnitak
Alnilam
ERIDANUS
Schwert
des Orions
Rigel
Saiph
GROSSER
HUND
HASE

MYTHEN & KULTURELLE VERBINDUNGEN

Man nimmt an, dass die früheste erkennbare Abbildung des Orions vor über 32.000 Jahren auf ein Stück Mammutelfenbein eingeritzt worden ist. Die in einer Höhle in Deutschland gefundene Schnitzerei stellt die Figur eines Mannes mit ausgestreckten Beinen dar und spiegelt das Sternmuster des Orions wider.

In der sumerischen Mythologie assoziierte man Orion um 2000 v. Chr. mit dem Helden Gilgamesch, der gegen Taurus, den Himmelsstier, kämpfte. In der späteren griechischen Mythologie war Orion der Sohn von Poseidon und ging regelmäßig mit seiner Freundin auf Kreta auf die Jagd. Eines Tages prahlte Orion damit, dass er jedes Tier auf der Erde töten könne (anderen Geschichte zufolge gelobte er dies). Die Erdgöttin Gaia vernahm seine Worte und entsandte einen Skorpion (Scorpius), der ihn prüfen sollte. Im Kampf stach Scorpius Orion zu Tode, starb dabei aber ebenfalls. Zeus platzierte Orion und Scorpius auf gegenüberliegenden Seiten des Himmels, damit sie einander nicht sehen und nie wieder gegeneinander antreten konnten.

Orion und vor allem die drei Sterne des Oriongürtels sind auch in anderen Weltkulturen bekannt. Die alten Briten sahen Orion als König Artus mit seinem Schwert Excalibur an. Das chinesische Schriftzeichen *shēn* (‚Krieger' oder ‚Jäger') hat seinen Ursprung im Sternbild Orion. Der indische Rig-Veda bezieht sich auf Orion als Mriga (‚der Hirsch'), und im heutigen Indien wird Orion mit Nataraja, dem kosmischen Tänzer, in Verbindung gebracht. In Spanien und den meisten Teilen Lateinamerikas kennt man die drei Sterne als Las Tres Marías (‚Die drei Marien') aus der biblischen Geschichte. Das indigene Volk der Ojibwa nannte das Sternbild Kabibona'kan (‚Wintermacher'), da es aufgeht, wenn der Winter naht.

PHILOSOPHIE & LEBENSTIPPS

Stürmische Leidenschaft

Orion war ein großer Jäger mit starkem Geist, doch seine Arroganz war der Grund, warum der Skorpion ihn töten konnte. In unserem Leben können auch wir versuchen, diese kriegerische Denkweise zu verkörpern. Wenn wir aus Orions Fehlern lernen und unsere Arroganz und Aggression ignorieren, wird aus unserem inneren Krieger ein äußerst mitfühlender und leidenschaftlicher Beschützer. Wenn man Mitgefühl hat, ist man bereit, sich dem Schmerz und Leid der Welt zu stellen; Leidenschaft zu zeigen, bedeutet, die Motivation zu finden, um dieses Leid zu verringern oder ganz auszumerzen.

TECHNISCHE DATEN

Himmelsereignisse

- Orioniden-Meteorschauer – um den 21. Oktober (vom Halleyschen Kometen ausgehend)

Deep-Sky-Objekte

- Orionnebel (M42) – das der Erde am nächsten liegende Sternenentstehungsgebiet
- Trapez (Theta[1] Orionis) – offener Sternhaufen im Zentrum des Orionnebels
- De Mairans Nebel (M43) – sternbildende Region
- Pferdekopfnebel (Barnard 33, IC 434) – dunkler Nebel
- Flammennebel (NGC 2024) – Emissionsnebel
- M78 (NGC 2068) – Reflexionsnebel

WISSENSCHAFTLICHES

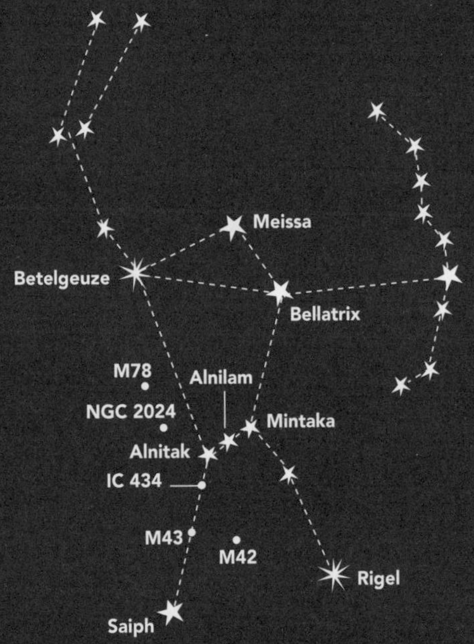

Messier 42, der Orionnebel, wurde 1610 entdeckt. Mit einer Entfernung von 1350 Lichtjahren ist er die der Erde am nächsten gelegene sternbildende Region. In seinem Zentrum befindet sich das Trapez, ein offener Sternhaufen, der fünf besonders massereiche Sterne mit der 15- bis 30-fachen Masse unserer Sonne enthält. Der Cluster ist nur ein paar Millionen Jahre alt und somit als eines der jüngsten Gebiete der Sternenentstehung bekannt. Der Nebel ist insgesamt 24 Lichtjahre breit und enthält die rund 2000-fache Masse unserer Sonne an Gas und Staub. Beobachtungen des Hubble-Weltraumteleskops haben gezeigt, dass viele Sterne gerade aus den Gaskokons auftauchen, aus denen sie sich gebildet haben.

GROSSER BÄR

Lateinisch: *Ursa Major*

Der Große Wagen wird allgemein als Sternbild angesehen, ist aber ein Asterismus oder Sternmuster innerhalb der Konstellation Großer Bär. Die sieben Sterne – Alkaid, Mizar, Alioth, Megrez, Phecda, Merak und Dubhe – bilden einen Teil des Rückens und Schwanzes des Bären, den man gemeinhin als Bärin ansieht (im Lateinischen ist *Ursa* die weibliche Form von Bär, *Ursus* die männliche). Da die anderen Sterne im Großen Bären schwächer sind, kann man ihn nur an einem dunklen Himmel erkennen.

Der Große Wagen ist seit Jahrhunderten eine wichtige Navigationshilfe. Einer der ersten Fakten, die Sie vielleicht über den Nachthimmel erfahren haben, ist wohl der, dass der Außenrand des Wagens zum Polarstern (Nordstern) führt: Verlängern Sie die imaginäre Linie zwischen den Sternen Merak und Dubhe in den Himmel hoch – in etwa fünffacher Entfernung zwischen diesen beiden Sternen finden Sie den Polarstern und damit den magnetischen Nordpol.

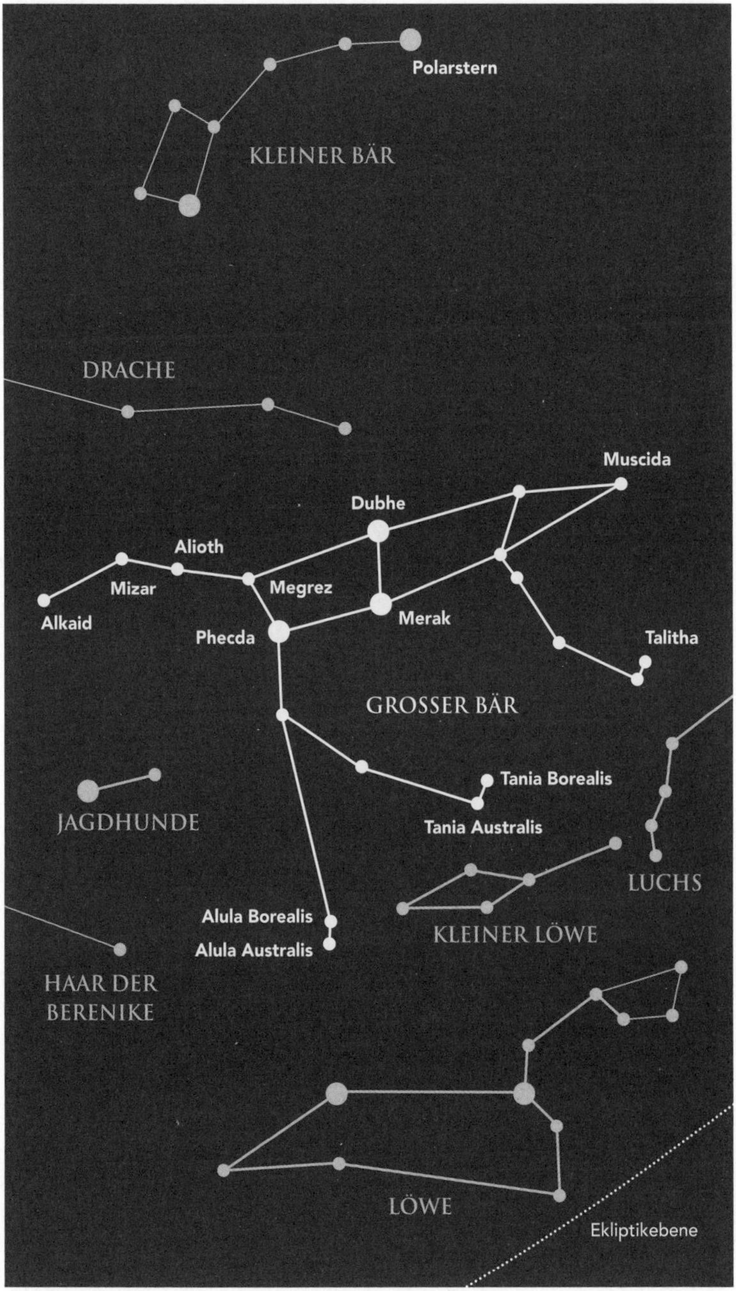
Polarstern
KLEINER BÄR
DRACHE
Muscida
Dubhe
Alioth
Mizar
Megrez
Alkaid
Merak
Phecda
Talitha
GROSSER BÄR
Tania Borealis
Tania Australis
JAGDHUNDE
LUCHS
Alula Borealis
Alula Australis
KLEINER LÖWE
HAAR DER BERENIKE
LÖWE
Ekliptikebene

MYTHEN & KULTURELLE VERBINDUNGEN

Der Große Bär wird im Alten Testament und von Homer in der *Ilias* erwähnt. In der griechischen Mythologie gibt es mehrere Erzählungen über das Sternbild. In der bekanntesten Geschichte verführte Zeus Kallisto, eine junge Nymphe, und zeugte einen Sohn, Arkas. Als Zeus' Frau Hera davon erfuhr, verwandelte sie Kallisto in einen Bären. Als Arkas später auf die Jagd ging, begegnete er Kallisto. Da er sie nicht erkannte, wollte er sie erschießen, doch Zeus griff ein: Er verwandelte Arkas in den Stern Arktur, ‚Wächter des Bären', der zum Sternbild Bärenhüter (lat. *Bootes*) gehört, und Kallisto in den Großen Bären.

Die Form des Sternmusters des Großen Wagens hat ihre eigenen kulturellen Interpretationen. Sie ist in verschiedenen Zivilisationen in Eurasien wie auch in Nordamerika mit einer mythologischen Jagd auf ein weibliches Tier verbunden worden. Anthropologische Untersuchungen deuten darauf hin, dass die ungewöhnlichen Ähnlichkeiten ihren Ursprung in einer über 13.000 Jahre alten mündlichen Überlieferung haben, die nomadische Jäger auf ihren Wanderungen durch die nördliche Hemisphäre verbreiteten. Die nordamerikanischen Irokesen etwa nennen den ‚Wagen' des Sternbilds Nyah-gwaheh, ‚Großer Bär' oder ‚Monsterbär', und die Ewenken in Sibirien kennen es als Kheglen, ‚Kosmischer Elch'. In der chinesischen Astronomie ist die Form als Beidou (‚nördlicher Wagen') bekannt und verkörpert den Streitwagen des Kaisers. In der japanischen Kultur repräsentieren die sieben Sterne Amenominakanushi, die älteste Shinto-Gottheit und die Quelle des Universums. In der hinduistischen Legende sind die Sterne als die Sieben Rishis (Weisen) und das Sternbild als åSaptarshi bekannt.

PHILOSOPHIE & LEBENSTIPPS

Ein Bild, das die Menschheit verbindet

Wenn wir den Nachthimmel betrachten, ist dies die einzige menschliche Erfahrung, die wir im Laufe der Zeit mit so vielen anderen teilen können. Landschaften haben sich über die Jahrtausende hinweg verändert, doch der Nachthimmel ist mehr oder weniger gleich geblieben. Ein Beweis dafür ist die Verknüpfung des Sternbilds Großer Bär mit dem eigentlichen Tier – es ist eine Verbindung, die vor vielen Jahrtausenden entstanden sein muss, bevor sich Menschen von Eurasien nach Nordamerika verbreiteten. Wie wir heute blickten sie ebenfalls in den Nachthimmel und sahen dort ein wildes Tier. Auch wenn uns Zeit und Raum trennt, sind wir im Grunde alle als Menschen verbunden.

TECHNISCHE DATEN

Himmelsereignisse

- Nu Ursae Majoriden – 15. Mai

Deep-Sky-Objekte

- Feuerradgalaxie (M101) – Spiralgalaxie
- Bodes Galaxie (M81) – etwa 12 Millionen Lichtjahre entfernte Spiralgalaxie, die mit M82 ein Paar bildet
- Zigarrengalaxie (M82) – irreguläre Galaxie
- Eulennebel (M97) – planetarischer Nebel

WISSENSCHAFTLICHE FAKTEN

Der Große Bär wurde als Standort für das erste Hubble Deep Field North (HDF-N, eine teleskopische Tiefenbeobachtung) ausgewählt. Das Sternbild erscheint als dunkler, anscheinend leerer Fleck, der kaum Sterne aus unserer Galaxie enthält. Dieser winzige Bereich des Himmels entspricht in seiner scheinbaren Größe einem Tennisball, den man aus 100 Metern Entfernung sieht. Er wurde im Dezember 1995 vom Hubble-Weltraumteleskop in 10 aufeinanderfolgenden Tagen in 342 separaten Aufnahmen gemacht. Bei dieser extrem langen Aufnahme wurden fast alle 3000 Objekte als Galaxien identifiziert, von denen einige zu den jüngsten und am weitesten entfernten gehören, die man je gesehen hat.

KLEINER BÄR

Lateinisch: *Ursa Minor*

Der Kleine Bär (Ursa Minor) wird als Bärenjunges – wenn auch mit ungewöhnlich langem Schwanz – visualisiert, das in die Fußstapfen des Großen Bären (Ursa Major) tritt. Das Sternbild Kleiner Wagen hat eine bemerkenswerte Ähnlichkeit mit dem Großen Wagen, an dem man sich zum Identifizieren dieses kleineren Gegenstücks leicht orientieren kann.

Der Polarstern am Ende des Schwanzes des Bären liegt fast in direkter Linie mit der Rotationsachse der Erde und markiert den Himmelsnordpol (eine Verlängerung des geografischen Nordpols der Erde in den Himmel). Beim Drehen der Erde steht der Polarstern scheinbar bewegungslos am Himmel, während sich alle Sterne des Nordhimmels um ihn drehen. So ist es jedoch nicht immer gewesen. Die Rotationsachse der Erde präzediert im Verlauf der Zeit wie ein Kreisel: Die vollständige Drehung dauert rund 26.000 Jahre. Im Jahr 3000 v. Chr. befand sich der Himmelsnordpol in der Nähe von Thuban (α Draconis); heutzutage ist er dicht beim Polarstern, und im 41. Jahrhundert wird er sich in der Nähe von Gamma Cephei befinden.

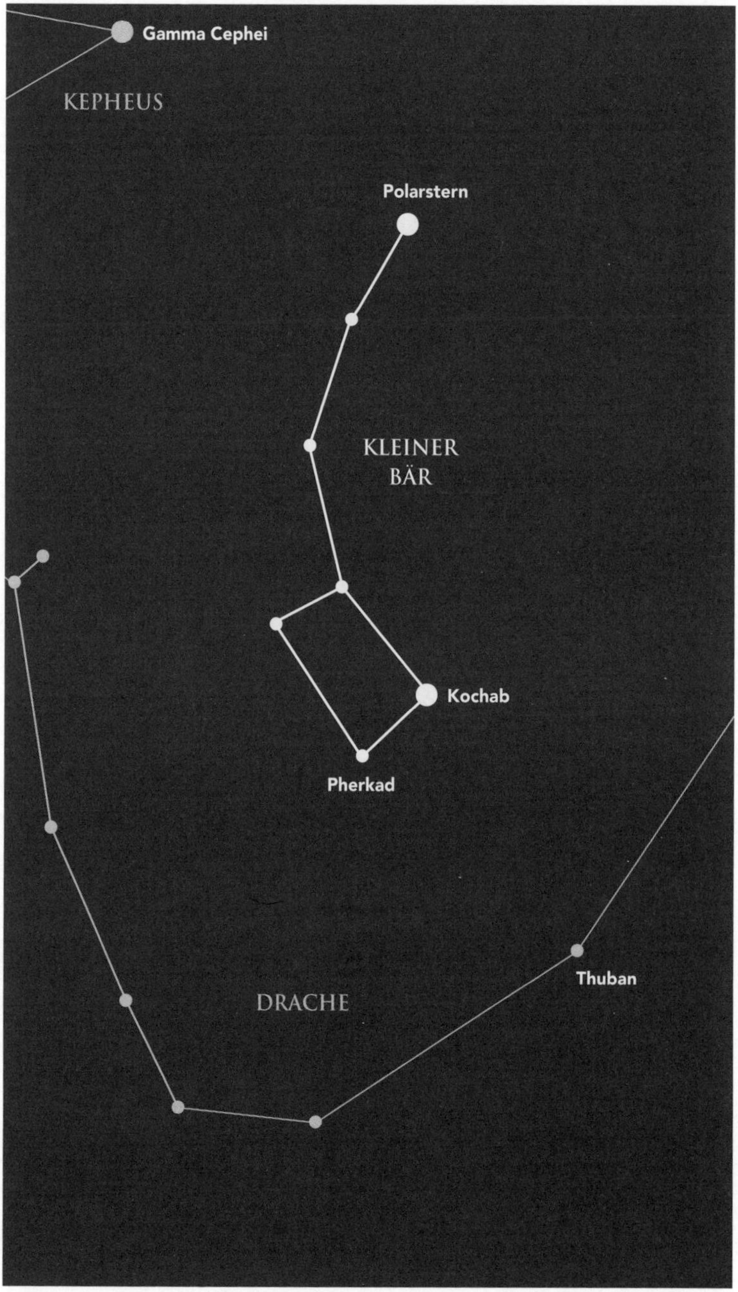
Gamma Cephei
KEPHEUS
Polarstern
KLEINER
BÄR
Kochab
Pherkad
Thuban
DRACHE

In einem römischen Mythos repräsentiert der Kleine Bär Arkas, der von seinem Vater Jupiter in einen Bären verwandelt und am Himmel neben seiner Mutter Kallisto platziert wurde (siehe S. 16). Es ist nicht bekannt, warum die himmlischen Bären lange Schwänze haben (echte Bären haben nur einen kurzen Stummelschwanz); eine Erklärung ist, dass sie gestreckt wurden, als Jupiter Arkas und Kallisto in den Himmel warf.

Einem griechischen Mythos zufolge soll der Kleine Bär die Nymphe Ida gewesen sein, die Zeus als Baby gesäugt hat. Das Sternbild wurde vom griechischen Dichter Aratos als Cynosura (‚Hundeschwanz') bezeichnet, ein Name, den der dänische Astronom Tycho Brahe noch im 17. Jahrhundert verwendete.

Viele der Geschichten über den Kleinen Bären beziehen sich auf seine Position in der Nähe des Himmelsnordpols. Im alten Babylonien (ca.1000 v. Chr.) war der Kleine Bär als ‚Himmelswagen' bekannt. Der griechische Philosoph Thales von Milet soll „die kleinen Sterne aus dem Wagen dosiert haben, in dem die Phönizier segelten". Der spätere griechische Schriftsteller Eratosthenes bezeichnete den Kleinen Bären als Phönike (‚die Phönizierin'), da er vermutlich wusste, dass die Phönizier das Sternbild zur Navigation benutzt hatten.

Die Römer sahen den Kleinen Bären als sieben Ochsen, die einen Pflug zogen. Im alten China war das Sternbild als Ziwei (‚Purpurfarbenes Verbotenes Gehege' oder ‚Zentralpalast') bekannt, in dem der himmlische Kaiser und seine Familie wohnten.

PHILOSOPHIE & LEBENSTIPPS

Navigation durchs Leben

Wir alle brauchen einen Polarstern, einen Navigationspunkt, der im Wirbelwind des Lebens stillsteht. Dieser Punkt kann unser Zuhause, ein Partner, ein alter Freund sein, ein spiritueller Lehrer oder ein Buch. Oft erkennen wir erst, wie wichtig unser Polarstern ist, wenn er nicht mehr da ist. In Zeiten großer Veränderungen im Leben wie einem Trauerfall, einer Scheidung oder einem Umzug brauchen wir diesen Anker, der uns in den tosenden Wellen um uns herum festhält. Ohne ihn haben wir keinen Bezugspunkt, keinen emotionalen Kompass, keine Stabilität. Nehmen Sie sich die Zeit, Ihren Polarstern, mit dem Sie die Stürme des Leben überstehen, zu schätzen.

TECHNISCHE DATEN

Himmelsereignisse

- Ursiden – 22. Dezember (vom Kometen 8P/ Tuttle ausgehend)

Deep-Sky-Objekte

- Ursa-Minor-Zwerg (UGC 9749) – elliptische Zwerggalaxie (Trabant der Milchstraße, annähernd 200.000 Lichtjahre entfernt)

WISSENSCHAFTLICHES

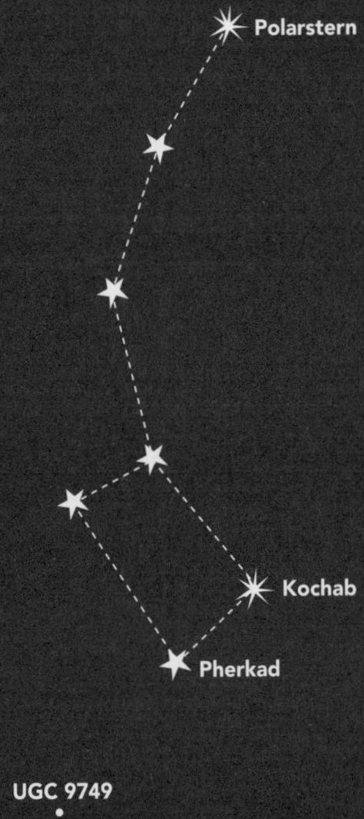

Der Polarstern (α UMi) ist 434 Lichtjahre entfernt und ein aus drei Sternen im Orbit bestehender Mehrfachstern. Einer dieser drei Sterne (α UMi Aa) wird als Cepheid-Variable klassifiziert, eine Art Stern, die in Größe und Temperatur pulsiert und regelmäßige Helligkeitsveränderungen erzeugt. Die Beziehung zwischen der Pulsationsperiode einer Cepheid-Variablen und ihrer Leuchtkraft wurde 1908 von Henrietta Swan Leavitt an der Universität Harvard entdeckt. Diese Entdeckung hat es Astronomen erlaubt, die Entfernungen zu diesen Sternen genau zu berechnen und Cepheid-Variablen zuverlässig zur Festlegung der kosmischen Entfernungsskala zu verwenden.

BÄRENHÜTER

Griechisch: *Bootes*

Der hellste Stern im Sternbild Bärenhüter ist Arcturus (α Boötis), der auch der vierthellste Stern am Nachthimmel ist.

In den 1790er-Jahren nahm der französische Astronom Jérôme Lalande einige Sterne vom Bärenhüter, um eine neue Konstellation zu kreieren, die er in Anerkennung der hervorragenden Ausstattung seines Observatorium Quadrans Muralis (‚Quadrant') benannte. Quadrans Muralis fiel gegen Ende des 19. Jahrhunderts jedoch in Ungnade, und der Bärenhüter wurde in seine ursprüngliche Form zurückversetzt. Der Name besteht aber im Quarantiden-Meteorschauer Anfang Januar fort.

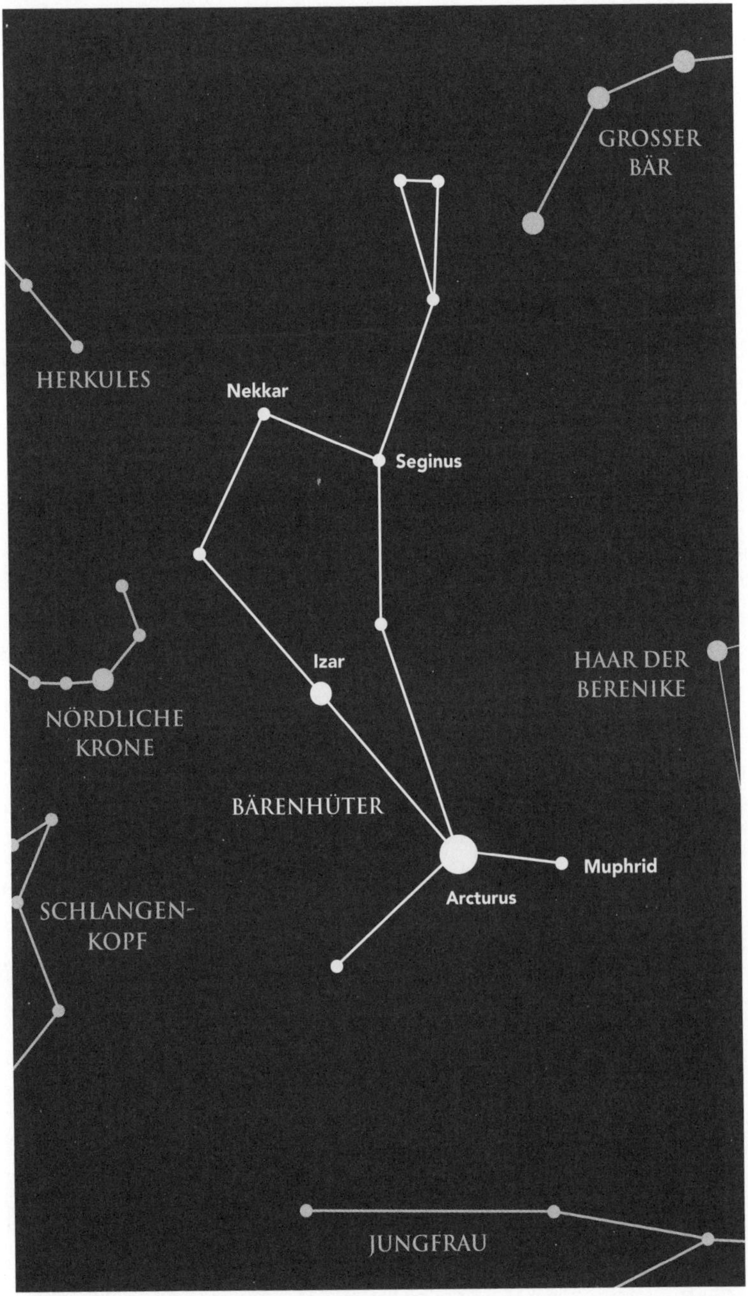
GROSSER
BÄR
HERKULES
Nekkar
Seginus
Izar
HAAR DER
BERENIKE
NÖRDLICHE
KRONE
BÄRENHÜTER
Muphrid
Arcturus
SCHLANGEN-
KOPF
JUNGFRAU

MYTHEN & KULTURELLE VERBINDUNGEN

Die verschiedenen Mythen und Geschichten um den Bärenhüter haben sich im Verlauf der Jahre vermischt. Das Sternbild Bootes wurde vom griechischen Dichter Aratos als Arctophylax (‚Bärenhüter') bezeichnet, was sich auf seine Position in der Nähe der ‚Bären'– Großer Bär und Kleiner Bär – bezieht. Manchmal wird der helle Stern Arcturus als Bärenhüter dargestellt (siehe Abschnitt über Ursa Major, S. 16). Hin und wieder bezeichnet man die Bären auch als Ochsen, mit Bootes als Treiber, der die Himmelssphären in ständiger Rotation hält – das altgriechische Wort Bootes leitet sich von ‚Ochsentreiber' ab.

Einem anderen, möglicherweise griechischen Mythos nach erfand Bootes den Pflug und wurde daher als Sternbild (der Große Wagen stellte den Pflug dar) verewigt. Als solches symbolisiert er, wie nomadische Jäger und Sammler zu einer sesshafteren landwirtschaftlichen Lebensweise übergingen. Im 17. Jahrhundert stellte der Danziger Astronom Johannes Hevelius Bootes mit einer Keule in der rechten Hand und den Leinen seiner Jagdhunde in der linken dar; die Hunde verkörpern das Sternbild Jagdhunde (Canes Venatici).

Im alten Großbritannien brachte man Arcturus mit dem mittelalterlichen König Artus in Verbindung. Der Stern hatte auch in der chinesischen Himmelsmythologie ein hohes Ansehen, da er den Beginn des Mondkalenders anzeigte und der vierthellste Stern am Nachthimmel war. Für die Chinesen symbolisiert Arcturus den Thron des Himmlischen Königs (Tian Wang) und bildet das Große Horn (Daijiao) des Sternbilds Blauer Drache. In der Yupik-Sprache ist der Bärenhüter als Taluyaq, ‚Fischreuse', bekannt.

PHILOSOPHIE & LEBENSTIPPS

Kontaktverlust zu alten Lebensweisen

Hüten und Pflügen waren Tätigkeiten, die Jahrtausende lang im Mittelpunkt des menschlichen Lebens standen. Heute können wir uns das nur schwer vorstellen: Das Bild eines Hirten oder Pflügers ist unserer modernen Psyche fremd. Seit der relativ neuzeitlichen Entwicklung mechanisierter Traktoren und mit der zunehmenden Abwanderung von Menschen in die Städte lösen wir uns immer mehr von den alten Methoden der Landwirtschaft und den alten Lebensweisen. Wer macht sich heutzutage die Hände im Schlamm schmutzig oder schläft unter den Sternen, um seine Herde zu bewachen? Was für eine Wirkung hat dies auf unsere Kultur? Was verlieren wir? Was gewinnen wir?

TECHNISCHE DATEN

Himmelsereignisse

- Januar-Quadrantiden – 3. Januar (von demselben Elternplaneten des Nebenplaneten 2003 EH1 und Kometen C/1490 Y1 ausgehend)
- Juni-Bootiden – 8.–29. Juni (vom Kometen 7P/Pons-Winnecke ausgehend)

Deep-Sky-Objekte

- NGC 5466 – Kugelsternhaufen

WISSENSCHAFTLICHES

Im Bärenhüter befindet sich die Bootes-Leere. Kosmische Leeren sind riesige Hohlräume zwischen Galaxien im größten Maßstab. Die Bootes-Leere, 1981 bei einer Untersuchung von galaktischen Entfernungen entdeckt, ist ungefähr 700 Millionen Lichtjahre entfernt und hat einen Durchmesser von annähernd 30 Millionen Lichtjahren. Sie ist einer der größten bekannten Hohlräume im Universum. Wenn Sie in einem Raumschiff in der Mitte der Leere wären, würden Sie mit bloßem Auge keine Sterne am Himmel sehen.

KASSIOPEIA

Nach Kassiopeia, der eitlen und prahlerischen Königin in der griechischen Mythologie, benannt

Kassiopeia ist eines der am leichtesten erkennbaren Sternbilder am Nachthimmel in der zweiten Jahreshälfte. Die fünf hellsten Sterne bilden eine deutlich W-Form. Der Name Kassiopeia ist ein phönizischer Ausdruck, der ‚rosafarbenes Gesicht' bedeutet. Kassiopeia beherbergt zwei bekannte Supernova-Überreste: Cass A (siehe Wissenschaftliches, S. 37) und Tychos Supernova (eine erstmals 1572 gesichtete Supernova vom Typ 1a, die laut Berichten genauso hell ist wie Venus bei höchstem Stand).

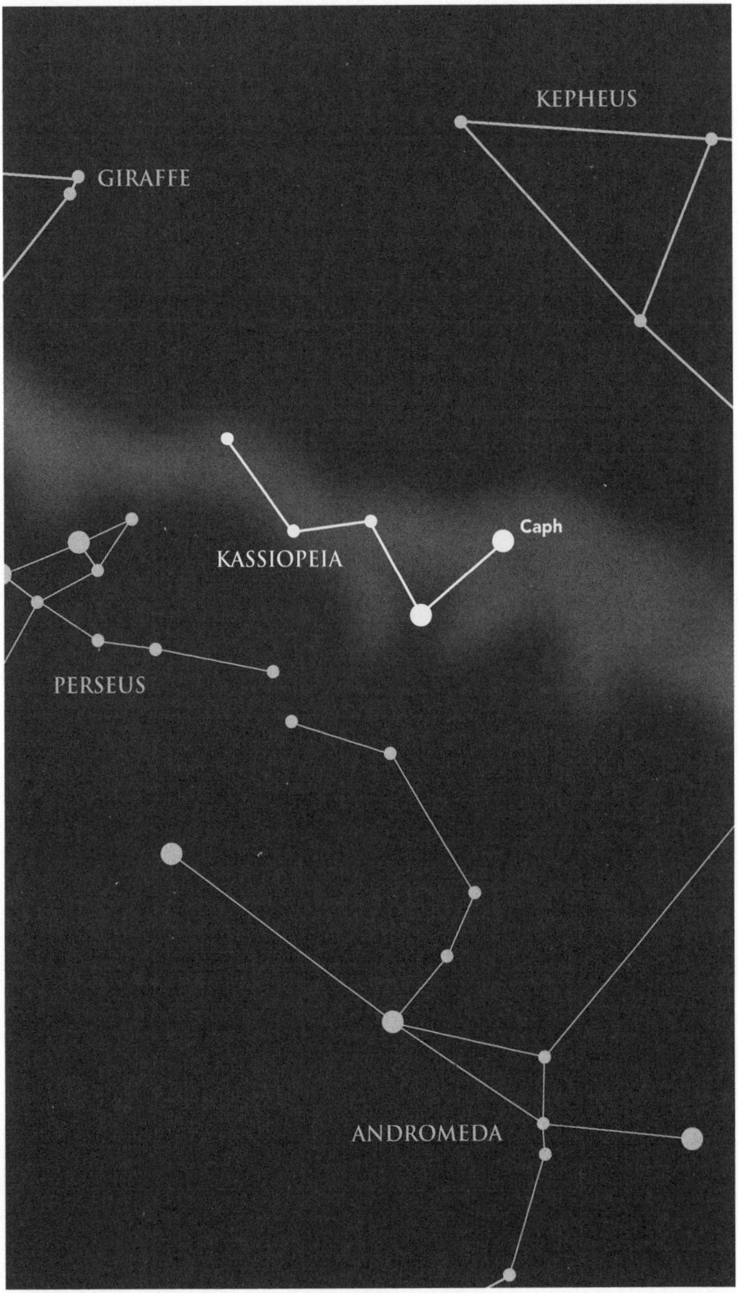
KEPHEUS
GIRAFFE
Caph
KASSIOPEIA
PERSEUS
ANDROMEDA

In der griechischen Mythologie war Königin Kassiopeia die eitle Gemahlin von König Kepheus von Äthiopien. Als sie sich eines Tages in einem Spiegel betrachtete, erklärte sie sich für schöner als die Nereiden, die Meeresnymphen. Diese, erbost über Kassiopeias Äußerung, appellierten an Poseidon, den Gemahl der Amphitrite, einer der Nymphen, Kassiopeia für ihr Prahlen zu bestrafen. Poseidon entsandte das Ungeheuer Ketos (siehe Abschnitt über Ketos, S. 124) zur Zerstörung der Küste von König Kepheus' Land. Auf Anraten eines Orakels stimmten Kepheus und Kassiopeia zu, dem Ungeheuer ihre Tochter Andromeda zu opfern, um Poseidon zu beschwichtigen.

Andromeda wurde von Perseus (siehe Abschnitt über Perseus, S. 50) gerettet, und später heirateten die beiden. Die hinterhältige Kassiopeia aber plante mit Phineus, dem ehemaligen Liebhaber ihrer Tochter, Perseus zu töten. Perseus benutzte Medusas Kopf, um Kassiopeia, Phineus und seine Soldaten in Stein zu verwandeln. Als Bestrafung für ihre Untaten platzierte Poseidon Kassiopeia und Kepheus nebeneinander am Himmel.

Araber aus dem Mittelalter sahen die Sterne von Kassiopeia als eine mit Henna tätowierte Hand; die Sterne von Kepheus repräsentierten den dazugehörigen Arm. Für die Sámi des nördlichen Skandinaviens stellt die W-Form von Kassiopeia ein Elchgeweih dar, während die sibirischen Tschuktschen die fünf Hauptsterne als fünf Rentiergeweihe ansehen.

PHILOSOPHIE & LEBENSTIPPS

Eitelkeit

Wir alle zeigen gelegentlich ein gewisses Maß an Eitelkeit: Wir ertappen uns beim Blick in den Spiegel wie Königin Kassiopeia und bewundern unser Aussehen, zeigen unsere frisch lackierten Fingernägel vor, finden, dass wir in diesen Jeans eine gute Figur machen, und gehen nur deshalb ins Fitnessstudio, weil wir noch besser aussehen wollen. Wenn wir aber unser Leben von Eitelkeit bestimmen lassen, wird alles oberflächlich. Es gibt mehr im Leben als unser Aussehen. Man denke nur an die Schöne und das Biest ... Die Schöne entdeckt hinter dem hässlichen Äußeren des Biests den sanften, warmherzigen Menschen. Ja, wir werden nach unserem Aussehen beurteilt, aber das sollten wir nicht zu ernst nehmen.

TECHNISCHE DATEN

Himmelsereignisse

- Andromediden – 8. November (vom Kometen 3D/Biela ausgehend)

Deep-Sky-Objekte

- M52 (NGC 7654) – offener Sternhaufen
- M103 (NGC 581) – offener Sternhaufen
- Cass A – Supernova-Überrest (hellste astronomische Radioquelle am Himmel)
- Pacman-Nebel (NGC 281) – sternbildende Wolke
- Weiße-Rose-Cluster (NGC 7789) – offener Sternhaufen
- Tychos Supernova – Supernova-Überrest

WISSENSCHAFTLICHES

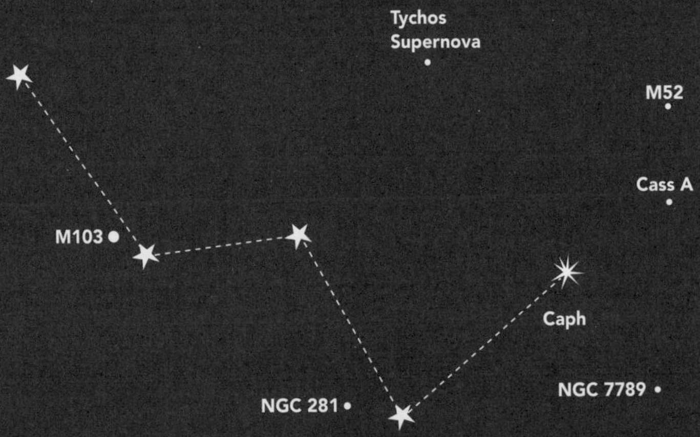

Cass A ist der Überrest einer der jüngsten Explosionen einer Typ II-Supernova innerhalb der Milchstraße. Eine Typ II-Supernova ist die Explosion eines enorm massereichen Sterns am Ende seines Daseins, wenn ihm der Treibstoff ausgeht. Da Cass A rund 11.000 Lichtjahre entfernt war, hätte das Licht seiner Explosion die Erde vor etwa 300 Jahren erreicht. Die Gashülle um den explodierten Stern herum hat eine Temperatur von 30 Millionen Grad; sie expandiert mit 4000–6000 km/s und hat nun einen Durchmesser von ungefähr 10 Lichtjahren. Cass A ist die hellste Radioquelle am Nachthimmel bei Frequenzen über 1 GHz.

SCHWAN

Lateinisch: *Cygnus*

Die Sterne im Schwan bilden wichtige Sterngruppen am Nachthimmel. Die fünf hellsten Sterne stellen das Nordkreuz (den Körper des Schwans) dar, während Deneb, der hellste Stern, den ‚Schwanz' bildet.

Zusammen mit Altair im Sternbild Adler und Vega im Sternbild Leier (siehe S. 62) bildet Deneb das Sommerdreieck. Wenn Sie dieses riesige Dreieck ausmachen, können Sie sich problemlos am Sommernachthimmel in der Nordhemisphäre orientieren.

Im Schwan ist die Riesensternvereinigung Cygnus OB2 beheimatet, die den roten Superriesenstern NML Cygni enthält, einen der größten derzeitig bekannten Sterne. Das Sternbild beherbergt auch Cygnus X-1, eine starke Röntgenquelle (siehe Wissenschaftliches, S. 43).

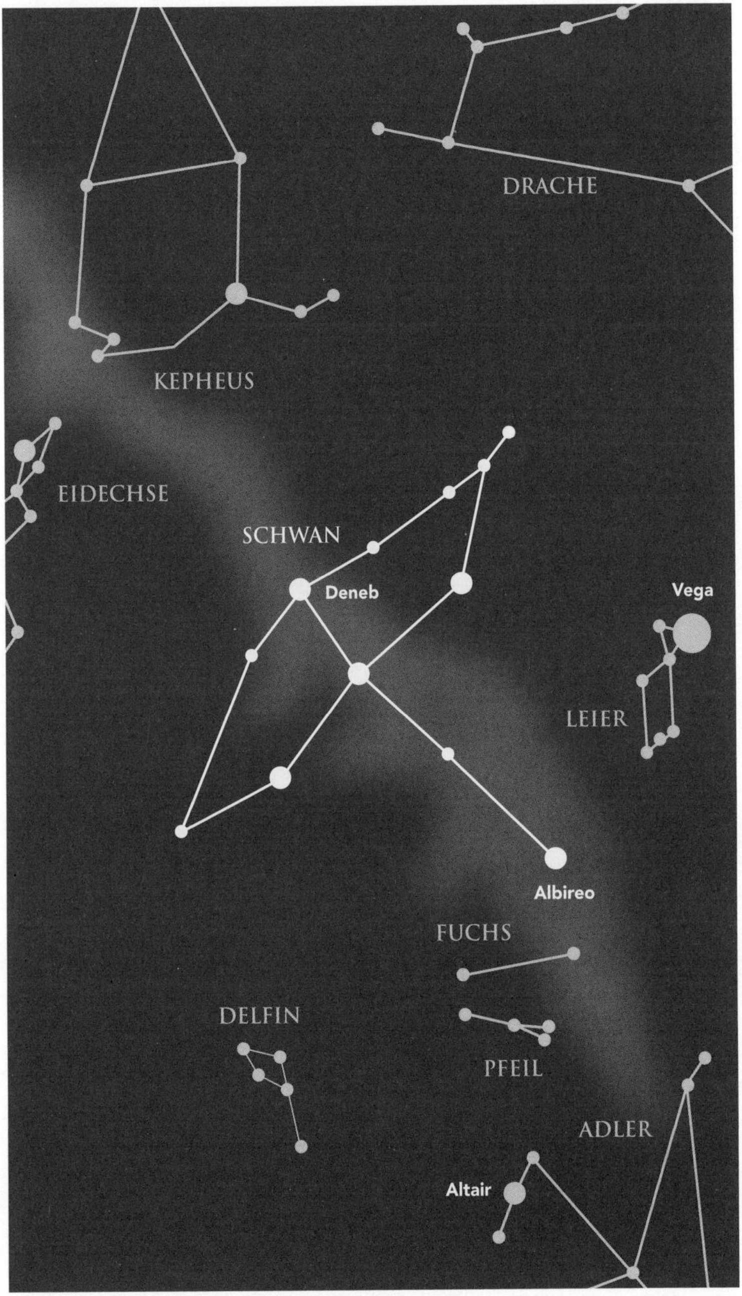
DRACHE
KEPHEUS
EIDECHSE
SCHWAN
Deneb
Vega
LEIER
Albireo
FUCHS
DELFIN
PFEIL
ADLER
Altair

Der Schwan wird mit mehreren griechischen Mythen verbunden. Die bekannteste Erzählung dreht sich um die spartanische Königin Leda, die zwei Zwillingspaare zur Welt brachte – Pollux und Helena, beide unsterblich, und Kastor und Klytämnestra, beide sterblich –, nachdem sie von Zeus, der sich in einen Schwan verwandelt hatte, verführt worden war.

In einer anderen Geschichte rasten Phaëton, der Sohn des Sonnengottes Helios, mit seinem Freund Cygnus über den Himmel. Als Phaëton der Sonne zu nahe kam, ging sein Streitwagen in Flammen auf und fiel auf die Erde. Als Cygnus gewahr wurde, dass Phaëton vom Himmel gestürzt und im Eridanus ertrunken war, bat er Zeus, ihn in einen Schwan zu verwandeln – so könnte er in den Fluss tauchen, Phaëtons Leiche bergen und Phaëton angemessen beerdigen. Zeus war von Cygnus' Opfer bewegt und platzierte sein Bild am Himmel (siehe auch Eridanus, S. 112).

Im japanischen und chinesischen Mythos war die Feenprinzessin Orihime die Tochter des Himmlischen Kaisers Tentei, der am Ufer des Tennogawa (wörtl. ‚Himmlischer Fluss' – die Milchstraße) wohnte. Als Orihime den jungen Kuhhirten Hikoboshi traf, der am anderen Ufer des Flusses arbeitete, verliebten sie sich und heirateten heimlich. Als der Kaiser davon erfuhr, trennte er das Liebespaar und verwandelte die beiden jenseits des Tennogawa in die Sterne Altair und Vega. Der Legende nach fliegen einmal im Jahr (in Japan am 7. Tag des 7. Monats gefeiert) die ganzen Elstern der Welt in den Himmel und bilden eine Brücke (durch das Sternbild Schwan dargestellt) über den Tennogawa, um den Liebenden beim Wiedervereinen zu helfen.

PHILOSOPHIE & LEBENSTIPPS

Beziehungen dank Brücken

Jeder, der weit weg gelebt hat oder Familie oder Freunde hat, die nicht in der Nähe wohnen, kann bezeugen, wie sich Videoanrufe positiv auf seine Beziehungen ausgewirkt hat. Videoanrufe sind die modernen Elsternbrücken, die Beziehungen über Flüsse, Meere und Kontinente ermöglichen und gedeihen lassen. Es ist zauberhaft, per Zoom Omas Gesichtsausdruck zu sehen, wenn sie an ihrem 80. Geburtstag Ihr Geschenk aufmacht, oder wenn Sie einen Moment mit einem Partner teilen, der gerade auf Geschäftsreise ist. Und im Gegensatz zu Orihime und Hikoboshi können wir jederzeit auf den Rufknopf drücken. Wir sind in der Tat zu Dank verpflichtet.

TECHNISCHE DATEN

Himmelsereignisse

- Oktober-Cygniden – 12.–14. Oktober
- Kappa-Cygniden – 17. August (vom Kleinplaneten 2008 ED69 ausgehend)

Deep-Sky-Objekte

- M29 (NGC 6913) – offener Sternhaufen
- M39 (NGC 7092) – offener Sternhaufen
- ‚Blinking Planetary' (NGC 6826, Caldwell 15) – planetarischer Nebel
- Pelikannebel (IC 5070) – sternbildende Region
- Nordamerikanebel (NGC 7000) – sternbildende Region
- Halbmondnebel (NGC 6888) – Emissionsnebel
- Cirrusnebel (NGC 6992/5) – von einem großen Supernova-Überrest gebildeter Emissionsnebel
- Hexenbesennebel (NGC 6960) – Emissionsnebel
- Cygnus OB2 – Sternassoziation

WISSENSCHAFTLICHES

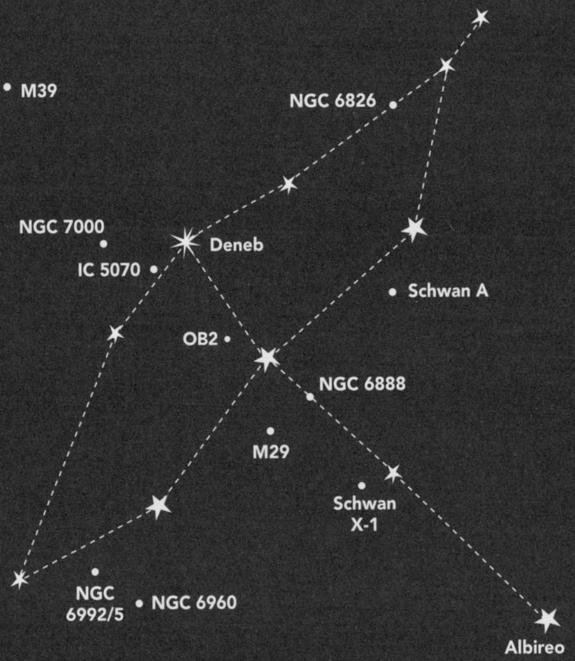

Cygnus X-1, 1964 bei einem Raketenflug entdeckt, ist eine bekannte Röntgenquelle, eine der stärksten, die man von der Erde aus sehen kann. Man nimmt an, dass es sich um ein Schwarzes Loch handelt, dessen Masse 14,8-mal höher als die der Sonne ist, und dass es einen blauen Überriesenstern umkreist. Am anderen Ende des elektromagnetischen Spektrums ist Cygnus A (3C 405), eine der stärksten Radioquellen am Himmel. Es ist eine aktive Galaxie in einer Entfernung von 750 Millionen Lichtjahren, die im Kern ein supermassives schwarzes Loch mit einer Masse enthält, die zwei Milliarden Mal so groß wie die der Erde ist.

STIER

Lateinisch: *Taurus*

Der Stier, eines der Sternbilder des Tierkreises, ist ein großer markanter Fixpunkt in der zweiten Jahreshälfte. Taurus ist seit Jahrtausenden, möglicherweise seit der Steinzeit, mit einem Stier assoziiert worden, und dies zweifellos in der alten sumerischen und mesopotamischen Kultur. Zwischen 4000 und 1700 v. Chr. zog die Sonne während der Tagundnachtgleiche der Nordhemisphäre im Frühjahr – ein bedeutender Moment im astronomischen Kalender – durch den Stier. Daher ist es eines der ältesten anerkannten Sternbilder und wird seit Langem mit der Erneuerung des Lebens im Frühling in Verbindung gebracht.

Im Bereich des Sternbilds befindet sich der Plejaden-Sternhaufen, auch ‚Sieben Schwestern' (M45) genannt. Viele Kulturen haben letztere Bezeichnung benutzt, darunter indigene Völkergruppen in Australien, Nordamerika und Sibirien; dies deutet darauf hin, dass der Name im Rahmen einer alten mündlichen Überlieferung bei der Migration von nomadischen Jägern entstanden ist. Trotz des Namens sind mit bloßen Augen nur sechs Sterne sichtbar; wenn man jedoch ein Fernglas oder ein Teleskop benutzt, entdeckt man Hunderte von Sternen, die wie Diamanten funkeln.

Aldebaran (α Tauri), als (rechtes) ‚Auge des Stiers' bekannt, leitet sich vom arabischen *al-dabarān*, ‚der. der folgt', ab. Der arabische Astronom des 10. Jahrhunderts, al-Ṣūfī, nannte ihn so, da er den Plejaden scheinbar über den Himmel folgte. Aldebaran sitzt im Gesicht des Stiers, vom Sternhaufen Hyades gebildet.

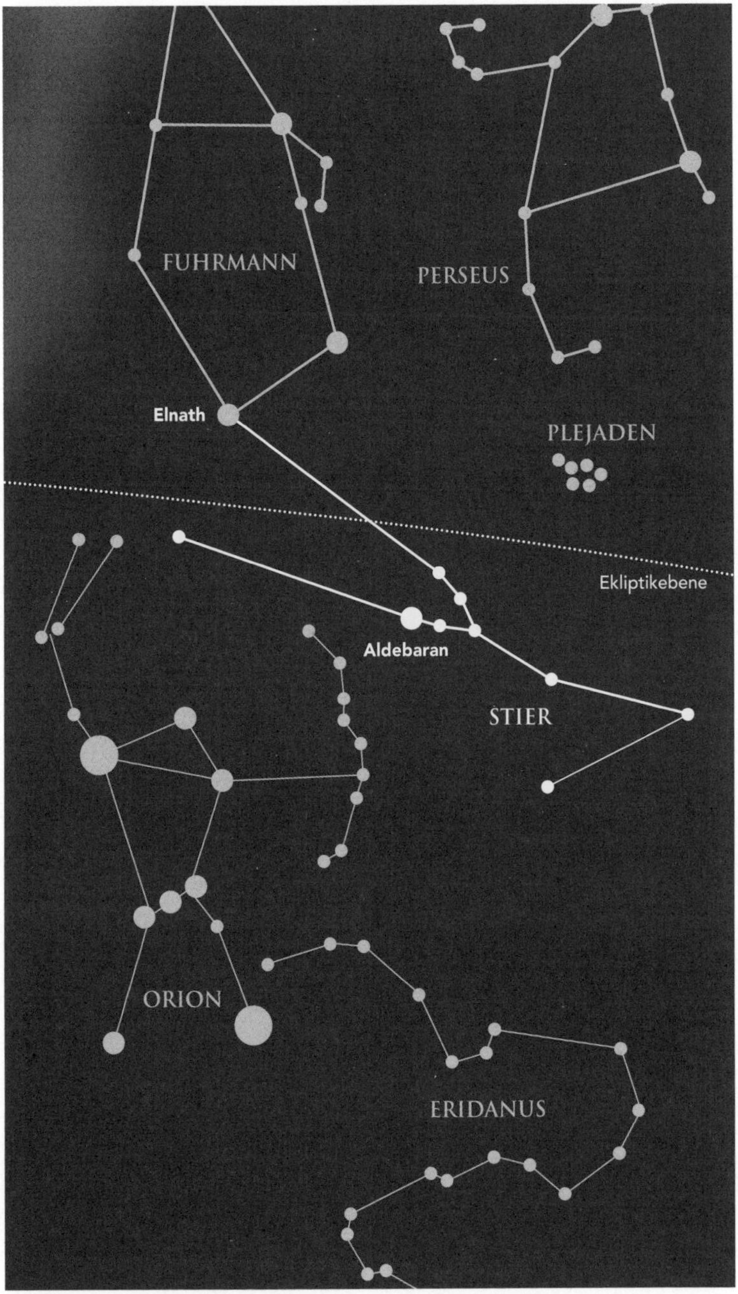
FUHRMANN
PERSEUS
Elnath
PLEJADEN
Ekliptikebene
Aldebaran
STIER
ORION
ERIDANUS

MYTHEN & KULTURELLE VERBINDUNGEN

Im alten babylonischen Gilgamesch-Epos wurde Taurus, der Himmelsstier, von der Göttin Ishtar zum Töten von Gilgamesch entsandt, der ihre Annäherungsversuche zurückgewiesen hatte. Im griechischen Mythos verläuft die Geschichte etwas anders. Zeus wollte Europa, eine legendäre phönizische Prinzessin, verführen und verkleidete sich als prachtvoller Stier, der sich der Kuhherde anschloss, die Europa hütete. Nachdem er ihre Aufmerksamkeit erregt hatte, entführte er sie nach Kreta und gab preis, wer er war. Eines der Kinder, die Europa gebar, war Minos, der später König von Kreta wurde. In einer Variante dieses Mythos verwandelte Zeus Io (eine weitere seiner Geliebten) in einen Stier, um sie vor seiner Frau Hera zu verbergen.

Der Sternhaufen wurde in der griechischen Mythologie nach den Sieben Schwestern benannt, die die Töchter der Meeresnymphe

Pleione und dem Titanen Atlas war. Ein anderer Mythos besagt, dass es sich beim siebten Stern (zu matt für das bloße Auge) um Merope, die Schwester, die einen Sterblichen heiratete, handelt.

Man nimmt an, dass der Stier und die Plejaden in einer Höhlenmalerei um 15.000 v. Chr. in der Halle der Stiere in den Höhlen von Lascaux, im Südwesten Frankreichs, vertreten sind. Die Kulturen vieler indigener Völker wie den Maori und den australischen Ureinwohnern, den Japanern und Chinesen, Azteken, Maya, Ägyptern und Native Americans haben das Sternbild des Stiers und den Plejaden-Sternhaufen mythologisiert.

Im Buddhismus wird daran erinnert, dass Buddha bei Vollmond im Vaisakha oder Stier geboren wurde. Heute feiert man dieses Ereignis mit dem Wesak-Fest oder Vesākha.

PHILOSOPHIE & LEBENSTIPPS

Das Entdecken von Ehrfurcht & Schönheit

Es ist faszinierend, in einer tiefdunklen Nacht in den Himmel zu schauen: von Horizont zu Horizont stockdunkel bis auf Tausende von funkelnden Lichtern, wie winzige Juwelen auf einem seidenen Tuch. Und wenn man zum ersten Mal die Plejaden durch ein Teleskop sieht, wird man einfach von Ehrfurcht ergriffen. Ob uns die Wissenschaft hinter dem, was wir betrachten, bekannt ist oder nicht, ändert nichts an der wahren Schönheit des Nachthimmels. Es ist eine Quelle von Inspiration, Faszination und Wunder. Gewähren Sie der exquisiten Pracht der Sternenlandschaft Einlass in Ihr Herz, wenn Sie das nächste Mal zum Himmel hochschauen.

TECHNISCHE DATEN

Himmelsereignisse

- Südliche und nördliche Tauriden – Anfang November
- Beta-Tauridsn – 28. Juni (vom Kometen Encke ausgehend)

Deep-Sky-Objekte

- Plejaden (M45) – offener Sternhaufen
- Hyades Cluster (Caldwell 41) – offener Sternhaufen
- Krebsnebel (M1) – Supernova-Überrest. Gilt als Überrest einer Supernova, die 1054 von chinesischen, japanischen und arabischen Astronomen dokumentiert worden ist; sie war so hell, dass man sie tagsüber sehen konnte.

WISSENSCHAFTLICHES

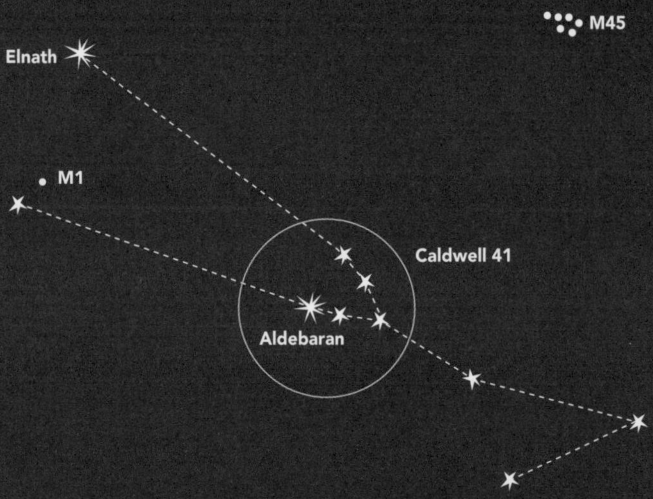

Die Plejaden sind der bekannteste Sternhaufen am Himmel. Er besteht aus einer Handvoll heller B-Typ-Sterne, für das bloße Auge sichtbar, und über 1000 anderen Sternen mit einer Gesamtmasse, die 800-mal so groß ist wie die unserer Sonne. Der Cluster bildete sich vor mehr als 100 Millionen Jahren; die B-Typ-Sterne sind daher mittleren Alters. Den Sternhaufen umgibt ein feiner Reflexionsnebel, der vom Licht der heißen, Staubpartikel absondernden Sterne gebildet wird. Der Nebel galt ursprünglich als Teil des Clusters, wird inzwischen aber als nicht verwandte Staubwolke angesehen, durch die die Sterne wandern.

PERSEUS

Nach dem mythologischen griechischen Helden Perseus benannt

Das Sternbild Perseus ist am besten für seinen jährlichen Perseiden-Meteorschauer bekannt, einem der eindrucksvollsten Meteorströme am Himmel, der jedes Jahr ab Mitte Juli für die Bewohner nördlich von 17° S am Himmel zu sehen ist. Die höchste Aktivität ist gewöhnlich Mitte August. Die Perseiden beobachtet man seit etwa 2000 Jahren, und die ersten Berichte stammen aus dem Fernen Osten. Sie entstehen, wenn die Umlaufbahn der Erde den Trümmerstrom vom Kometen Swift-Tuttle kreuzt, einem periodischen Kometen mit einer Umlaufperiode von rund 133 Jahren. Die meisten Perseiden-Meteore verglühen in der Atmosphäre in Höhen von über 80 Kilometern.

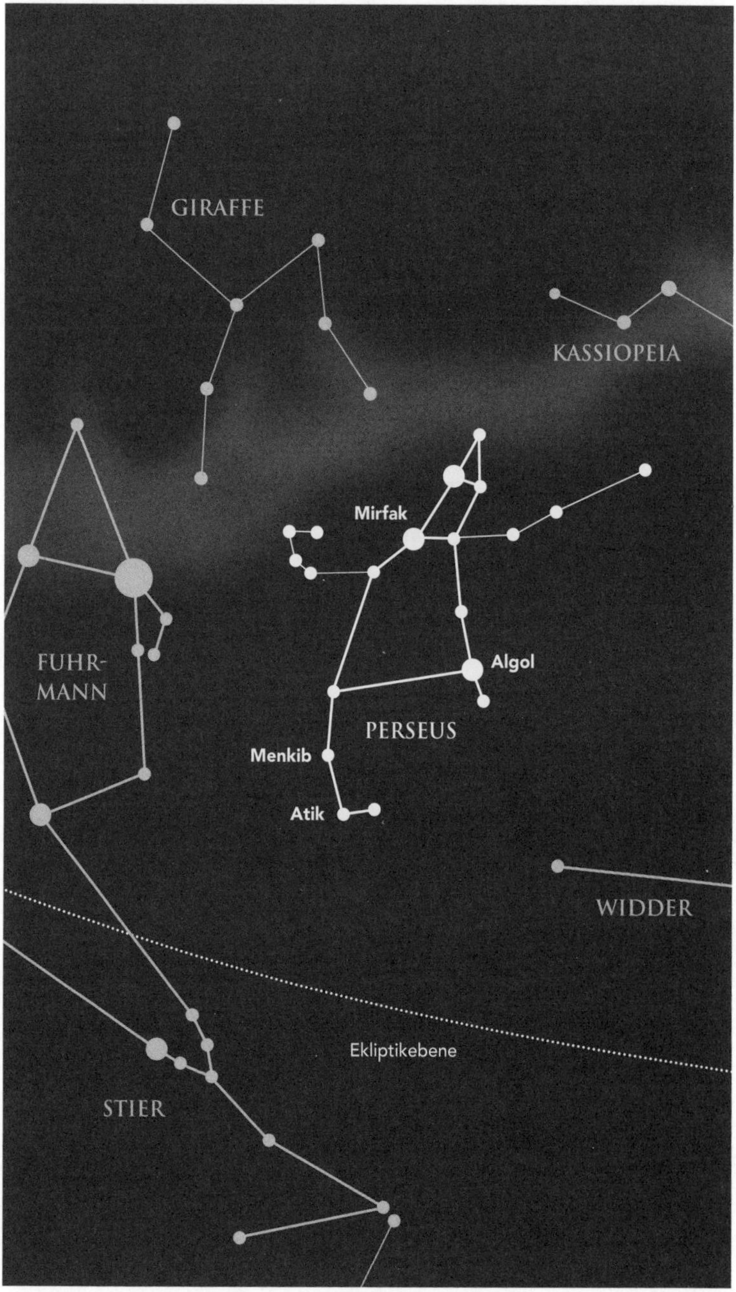
GIRAFFE
KASSIOPEIA
Mirfak
FUHR-
MANN
Algol
PERSEUS
Menkib
Atik
WIDDER
Ekliptikebene
STIER

In der griechischen Mythologie war Perseus der Sohn der sterblichen Danaë und des Gottes Zeus. König Polydektes, der Perseus insgeheim tot sehen wollte, trug ihm auf, den Kopf von Medusa, der Gorgonin, zurückzubringen. Medusa war eine der drei abscheulichen Schwestern, deren Blick jeden, der sie ansah, in Stein verwandeln konnte. Sie war die einzige Sterbliche der drei und hatte Schlangen als Haare. Perseus fand die Gorgonen und es gelang ihm, Medusa zu enthaupten, indem er ihr Spiegelbild in dem polierten Schild betrachtete (und daher ihren direkten Blick vermied), das ihm die Göttin Athene gegeben hatte.

Auf dem Rückweg begegnete Perseus der Prinzessin Andromeda, die von ihren Eltern, König Kepheus und Königin Kassiopeia, an einen Felsen gefesselt worden war, sodass das Meeresungeheuer Ketos sie töten konnte (siebe Abschnitt über Kassiopeia, S. 34).

Perseus rettete sie und heiratete sie später. Perseus und Andromeda liegen nebeneinander am Himmel; Kepheus und Kassiopeia sowie Ketos (siehe S. 124) sind nicht weit von ihnen entfernt.

Der Stern Algol (ß Persei) wird seit Langem mit gruseligen Visionen assoziiert. Dem griechischen Mythos zufolge wird Perseus gewöhnlich mit seinem juwelenbesetzten Schwert (vom Doppel-Cluster NGC 869/884 dargestellt) in der einen Hand und dem abgeschlagenen Kopf von Medusa (in Form von Algol) in der anderen abgebildet. Die Chinesen sahen das Sternbild als Teil eines großen Mausoleums und bezeichneten den Kopf als Da Ling, ‚Fünfter Stern des Mausoleums'.

PHILOSOPHIE & LEBENSTIPPS

Die veränderliche Natur der Dinge

Wenn Sie je versucht haben, nach einem Meteor Ausschau zu halten, wissen Sie, wie frustrierend das ist. Jemand sagt „Schau, dort!", und bis Sie sich umgedreht haben, ist er weg! Meteore liefern einen flüchtigen glorreichen Moment, während ein kleines Stück Weltraumgestein in der Atmosphäre verglüht. Im Gegensatz zum scheinbar unveränderlichen Nachthimmel erinnern uns Meteore an den stetigen Tanz des Universums und die veränderliche Natur der Dinge. Nichts ist fest: Manches ändert sich rasch (wie ein Meteor) und anderes zu langsam, sodass wir die Bewegung von Sternen und Galaxien nicht wahrnehmen. Dahinter aber ist alles in Bewegung.

TECHNISCHE DATEN

Himmelsereignisse

- Perseiden – 12.–13. August (vom Kometen 109P/Swift-Tuttle ausgehend)
- September-Perseiden (Epsilon-Perseiden) – 9. September

Deep-Sky-Objekte

- M34 (NGC 1039) – offener Sternhaufen
- Doppel-Cluster (NGC 869/884) – offener Sternhaufen
- Alpha-Persei-Cluster – offener Sternhaufen
- Kleiner Hantelnebel (M76) – planetarischer Nebel
- Perseus A (NGC 1275, Caldwell 24) – Seyfertgalaxie (Zentralgalaxie des Perseushaufens)

WISSENSCHAFTLICHES

In der Nähe des Sternbilds Perseus befindet sich der massive Perseus-Galaxie-Cluster, eine Ansammlung von Tausenden von Galaxien in einer Entfernung von 237 Millionen Lichtjahren. Im Mittelpunkt liegt Perseus A (NGC 1275, Caldwell 24), eine Art Seyfertgalaxie, d. h., sie hat einen aktiven galaktischen Kern (Active Galactic Nucleus oder AGN). AGN gehören zu den leuchtendsten Objekten im Universum und werden durch raue Mengen von Material verursacht, die sich in Spiralen um ein zentrales supermassives Schwarzes Loch bewegen. Etwa 10 Prozent aller Galaxien sind Seyfertgalaxien. Quasargalaxien haben ebenfalls einen AGN, aber mit noch größerer Leuchtkraft (siehe Wissenschaftliches, Quasar, S. 109).

FUHRMANN

Lateinisch: *Auriga*

Der Fuhrmann gehört zur Gruppe der Perseus-Konstellationen, die mit dem Perseus-Mythos verbunden sind. Das Sternbild hat seinen Namen von seinen hellsten Sternen (einschließlich Capella und Menkalinan), die eine Form bildeten, die die Römer an den spitzen Helm eines Wagenlenkers erinnerte.

Der Fuhrmann ist der Standort des Galaktischen Antizentrums, dem Himmelspunkt direkt gegenüber dem von der Erde aus gesehenen Galaktischen Zentrum. Das Galaktische Zentrum ist die Mitte unserer Milchstraße (im Sternbild Schütze befindlich). Da das Sternbild auf dem Band der Milchstraße liegt, hat es viele helle offene Sternhaufen innerhalb seiner Grenzen, die mit Amateurteleskopen mühelos auszumachen sind. Der Fuhrmann beherbergt auch Capella (α Aurigae), den sechshellsten Stern am Nachthimmel.

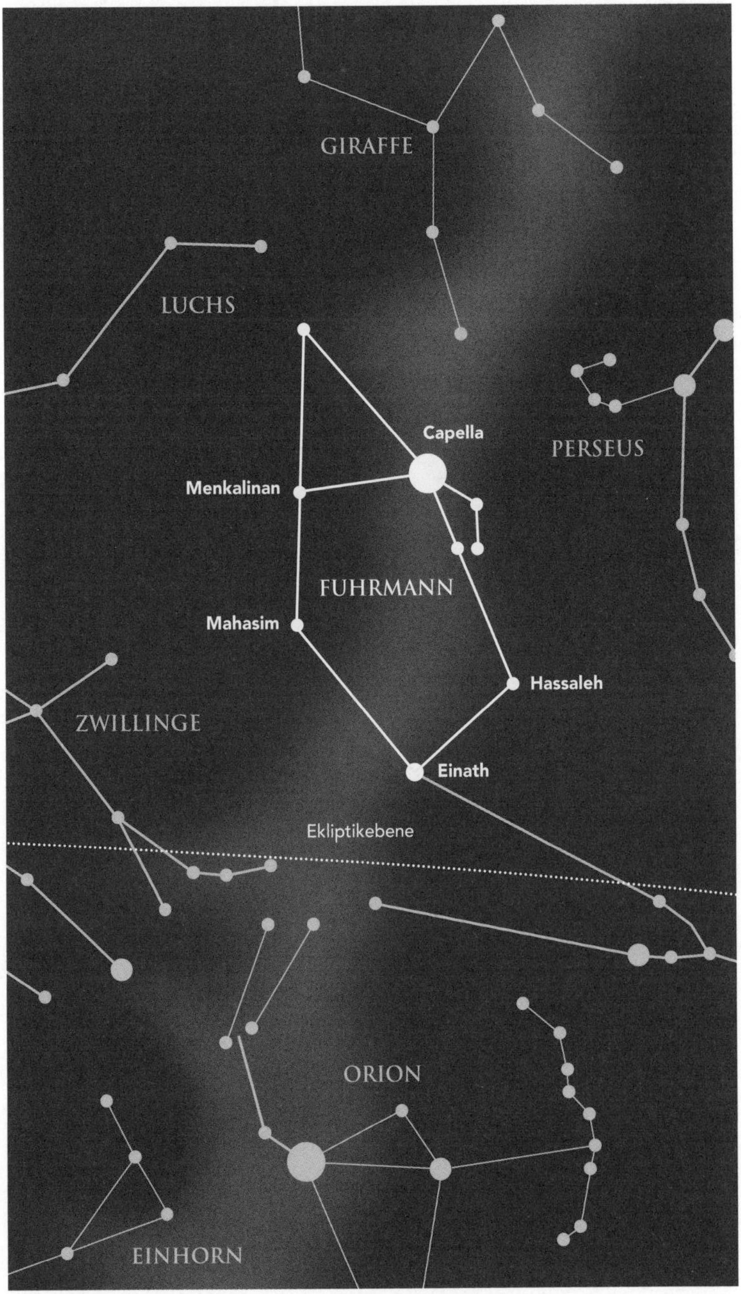
GIRAFFE
LUCHS
Capella
PERSEUS
Menkalinan
FUHRMANN
Mahasim
Hassaleh
ZWILLINGE
Einath
Ekliptikebene
ORION
EINHORN

Die frühesten Aufzeichnungen über das Sternbild Auriga stammen von den Mesopotamiern (um 2000 v. Chr.), die eine krumme Form sahen und diese mit einem Ziegenhirten assoziierten. Für spätere beduinische Astronomen wurde es zu einer Ziegenherde. Der hellste Stern der Konstellation ist Capella (α Aurigae), was im Lateinischen ‚weibliche Ziege' bedeutet; er stellt Amaltheia dar, die Ziege, die Zeus als Baby gesäugt hat.

Im beliebtesten griechischen Mythos wird der Fuhrmann mit Erichthonius identifiziert, dem Sohn des Hephaistos (Gott des Feuers). Nachdem ihm seine Mutter Athene beigebracht hatte, wie man Pferde zähmt, spannte Erichthonios als Erster vier Pferde vor einen Streitwagen, Quadriga genannt. Zeus war beeindruckt und bewahrte ihn nach alter Gewohnheit unter den Sternen. Daher wird das Sternbild häufig als Wagenlenker oder Fuhrmann bezeichnet, der unpassenderweise einen Arm voll Ziegen trägt. In der nichtwestlichen Astronomie sind Auriga und vor allem Capella gut bekannt. Die indianischen Stämme des heutigen Arizona zeichneten vor etwa 1000 Jahren u. a. den hellen, krummen Teil des Fuhrmanns in Petroglyphen auf. In der Inka-Zivilisation wurde der als Colca bekannte Capella mit Hirten in Verbindung gebracht, und in Brasilien sahen die Bororo die Sterne des Fuhrmanns als Teil einen riesigen Kaimans an.

In der Astronomie der Inuit gehören die Auriga-Sterne zum Sternbild Quturjuuk, ‚Schulterknochen', deren Aufgehen die Wintersonnenwende ankündigt. In der Hindu-Astronomie heißt Capella Brahma Ridaya, ‚Herz des Brahma'.

PHILOSOPHIE & LEBENSTIPPS

Sehnsucht nach Einfachheit und Ruhe

Auriga erinnert an die Hirten, die monatelang mit ihren Herden an den Berghängen bleiben, im Einklang mit der Natur und den Jahreszeiten leben und sich gut mit dem Nachthimmel auskennen. Das Leben eines Hirten ist hart und oft einsam, doch seine Aufgabe ist einfach: Er muss sich um die Herde kümmern. Heute sehnen sich viele von uns nach einem einfacheren, naturverbundeneren Leben, in dem das ‚Sein' zählt. Wird alles zu hektisch wird, so streichen wir zuerst die einfachen, uns nährenden Dinge – und fühlen uns erschöpft und gestresst. Auriga gemahnt, es den Hirten gleichzutun: Dinge vereinfachen und den Lebensrhythmus wahrnehmen ...

TECHNISCHE DATEN

Himmelsereignisse

- Alpha Aurigiden – 1.–2. September (aber nur alle paar Jahrzehnte, vom langperiodischen Kometen C/1911 N1/Kiess ausgehend)

Deep-Sky-Objekte

- M36 (NGC 1960) – offener Sternhaufen
- M37 (NGC 2099) – offener Sternhaufen
- M38 (NGC 1912) – offener Sternhaufen
- Flammensternnebel (IC 405, Caldwell 31) – Reflexionsnebel
- IC 410 – Emissionsnebel

WISSENSCHAFTLICHES

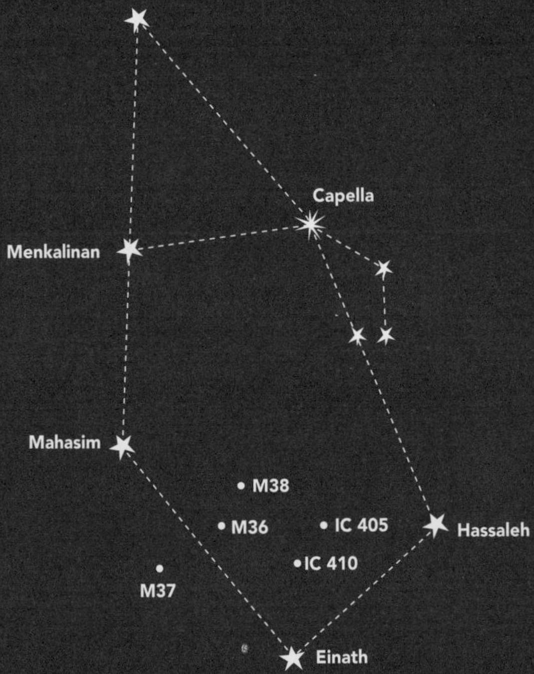

Alle Sterne entstehen in Haufen aus riesigen Gaswolken, die beim Zusammenbruch zersplittern. Offene Sternhaufen sind lose Sterngruppierungen, die sich gemeinsam gebildet haben und gewöhnlich recht jung sind. Sie kommen in der ganzen Milchstraßengalaxie vor. Mit der Zeit lösen sich viele offene Sternhaufen auf. Im Gegensatz dazu sind Kugelsternhaufen große, dichte Stern-Cluster mit Hunderttausenden und bisweilen Millionen von Sternen, die durch die Schwerkraft verbunden sind. Kugelsternhaufen sind viel älter und kommen nur in den Außenregionen der Galaxie vor.

LEIER

Repräsentiert das Zupfinstrument Lyra

Die Leier, ein kleines, aber helles Sternbild, gehört zur Familie der Herkules-Sternbilder (griechisch: *Herakles*). Sie beherbergt den hellen Stern Vega (α Lyrae). Zwischen 12.000 und 10.000 v. Chr. war Vega der Nordstern und wird aufgrund der Präzession der Erdrotationsachse um 14.000 n. Chr. auch wieder zu diesem werden. Außer der Sonne war es der 1850 am ersten von William Bond und John Adams Whipple fotografierte Stern – und der erste, dessen Spektrum 1872 von Henry Draper aufgezeichnet wurde.

Der Name Vega leitete sich vom Arabischen ab und wurde ins Lateinische als Vultur Cadens (‚Fallender Adler' oder ‚Fallender Geier') übersetzt. Das Sternbild wurde im alten Ägypten als Geier und im alten Indien als Adler oder Geier dargestellt.

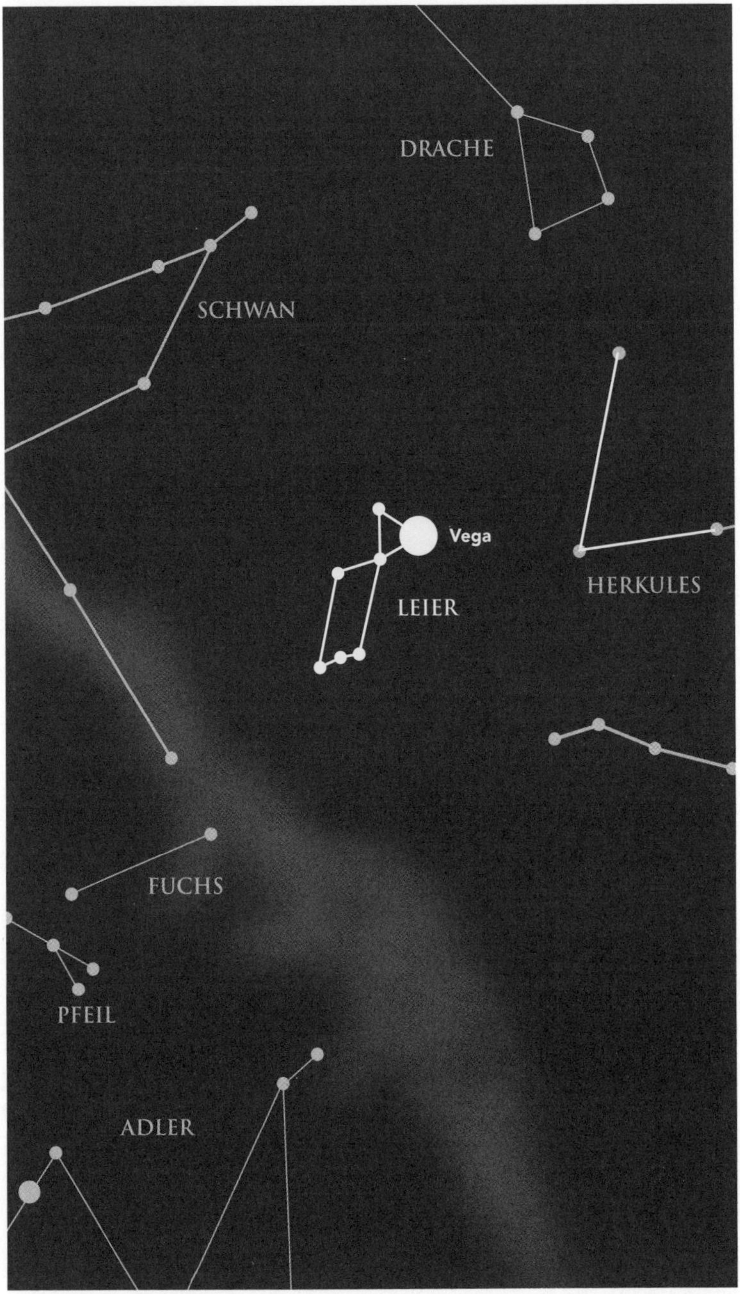
DRACHE
SCHWAN
Vega
HERKULES
LEIER
FUCHS
PFEIL
ADLER

MYTHEN & KULTURELLE VERBINDUNGEN

Die Leier repräsentiert die Lyra von Orpheus, dem mythologischen griechischen Musiker. Hermes stellte das erste, überhaupt gefertigte Instrument dieser Art aus Schildpatt her. Orpheus erhielt es von Apollo, der ihm Leierspielen beibrachte, und wurde später zum Virtuosen. Er heiratete die Nymphe Eurydike, die eines Tages durch einen Schlangenbiss getötet wurde. Als Orpheus ihre Leiche fand, spielte er traurige Weisen, die selbst die Götter zu Tränen rührten. In einem Versuch, Eurydike wieder zum Leben zu erwecken, begab sich Orpheus in die Unterwelt und bezauberte Hades, deren König, mit seiner Musik. Hades willigte ein, dass Orpheus Eurydike zurückbringen durfte – unter der Bedingung, dass er vor ihr herging und sich nicht nach ihr umdrehte, bis sie die Unterwelt verlassen hatten. Doch gerade, als er die Welt der Lebenden betreten wollte, blickte Orpheus über die Schulter und Eurydike verschwand für immer. Orpheus verbrachte den Rest seines Lebens in Trauer.

Die alten Briten kannten Lyra als Talyn Arthur, einen Harfenspieler am Hof des legendären König Artus. Die australischen Boorong-Ureinwohner brachten die Leier mit dem Malleefowl (einem auf dem Boden lebenden Vogel) in Verbindung. Den Inka war sie als Urcuchillay bekannt, die ihren tierschützenden Gott verkörperte.

Die Polynesier benutzten den Stern Vega in ihrem Kalendersystem und kannten ihn als Whetu o te Tau, den ‚Jahresstern'. Die chinesische Bezeichnung lautet Zhī Nǚyi, ‚Erster Stern des Webermädchens'. (Mehr über die Geschichte von Orihime und Hikoboshi sieje Abschnitt über den Schwan, S. 41.)

PHILOSOPHIE & LEBENSTIPPS

Die herrliche Musik des Lebens

Das Leben ist wie ein Musikstück, das von einem Sinfonieorchester aus Leiern und allen anderen Instrumenten gespielt wird. Würde jeder Musiker nur eine Note spielen, so würde die Sinfonie recht dumpf klingen. Der Sinn einer Sinfonie ist der, dass jedes Instrument ein sich veränderndes Notenmuster in Harmonie und manchmal auch in fürchterlicher Disharmonie spielt – so wie im Leben. Eine Sinfonie ist ein fließender, dynamischer Prozess ständiger Veränderung. Wenn die wundervolle Melodie zu Ende ist, müssen wir sie loslassen. Im Mythos erkannte Orpheus nicht, dass der Tod zum Leben gehört. Je mehr wir dies akzeptieren, desto mehr leben wir.

TECHNISCHE DATEN

Himmelsereignisse

- Lyriden – 21.–22. April (vom Kometen Thatcher ausgehend)
- Eta-Lyriden – 9. Mai
- Juni-Lyriden – 15.–16. Juni

Deep-Sky-Objekte

- M56 (NGC 6779) – Kugelsternhaufen
- Ringnebel (M57, NGC 6720) – planetarischer Nebel (der zweite je entdeckte Nebel und einer der bekanntesten)

WISSENSCHAFTLICHES

Beta Lyrae ist ein Doppelsternsystem im Sternbild Leier. Seine beiden Sterne kreisen so dicht beieinander, dass sie inzwischen eiförmig sind und Material von einem zum anderen fließt. Der Sekundärstern, ursprünglich der weniger massive der zwei, hat so viel Masse angesammelt, dass er nun beträchtlich schwerer ist. Ein weiterer bekannter Stern im Osten des Sternbilds ist RR Lyrae, der Prototyp einer Klasse von Sternen, den RR Lyrae-Variablen. Dies sind pulsierende Sterne oder ‚Standardkerzen' (Sterne bekannter Helligkeit, ähnlich den Kepheiden-Variablen, siehe S. 25), die zuverlässige Markierungen für Entfernungen im All abgeben.

SKORPION

Lateinisch *Scorpio*

Der Skorpion, eines der Sternbilder des Tierkreises mit vielen hellen Sternen, ist am Nachthimmel leicht auszumachen. Antares (α Scorpii) ist der hellste Stern in der Konstellation und lässt sich am einfachsten orten, obwohl man ihn wegen seiner rotorangenen Färbung mit Mars verwechseln kann. Sein Name stammt in der Tat von seiner rötlichen Farbe; im Griechischen bedeutet er ‚Rivale des Mars'. Es heißt, dass Antares das Herz des Skorpions ist. Auf einer Seite sind drei bis fünf Sterne, die den Kopf formen; auf der anderen befindet sich eine Linie von Sternen, die den hakenförmigen Schwanz bilden.

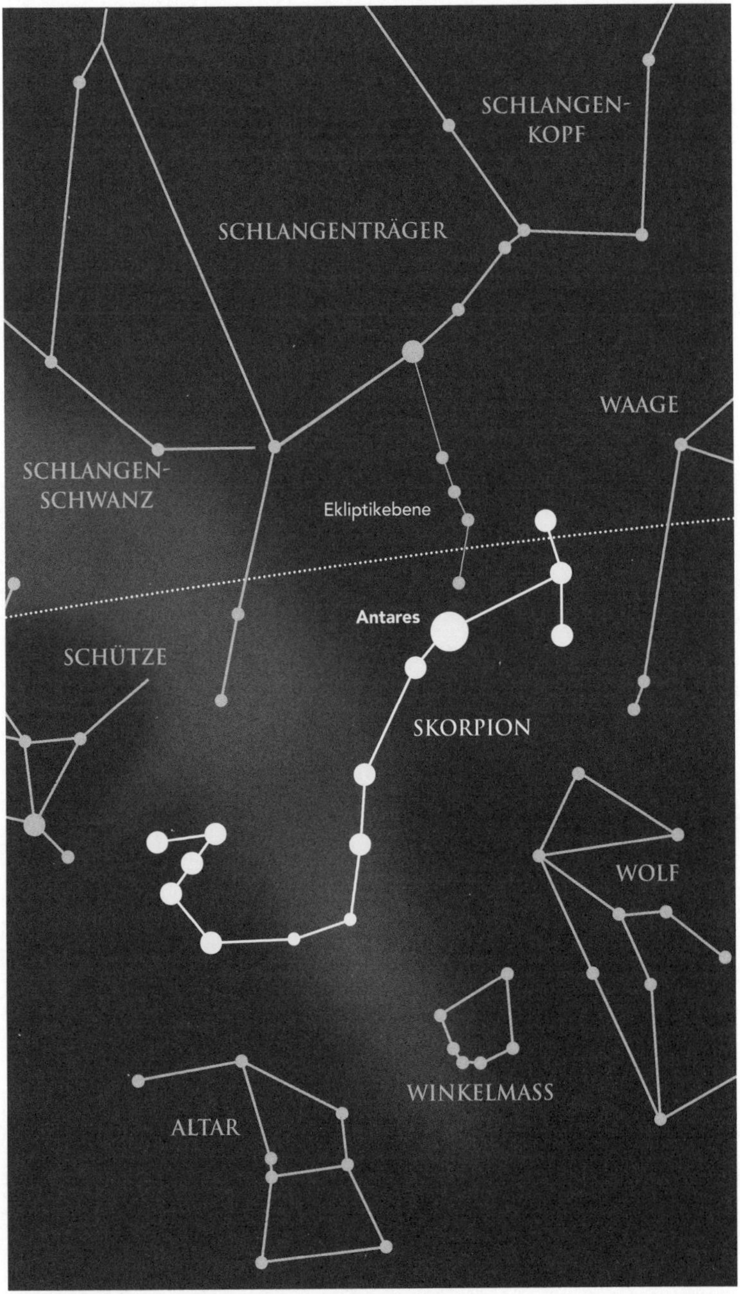
SCHLANGEN-
KOPF
SCHLANGENTRÄGER
WAAGE
SCHLANGEN-
SCHWANZ
Ekliptikebene
Antares
SCHÜTZE
SKORPION
WOLF
WINKELMASS
ALTAR

Der Skorpion ist eines der ältesten bekannten Sternbilder, das bereits den Sumerern vor 5000 Jahren bekannt war. In der griechischen Antike war die Konstellation deutlich größer und bestand aus zwei Hälften: dem Körper des Skorpions und den Scheren. Letztere wurden Chelae (‚Klauen') genannt. Im 1. Jahrhundert v. Chr. definierten die Römer die Scheren neu als das Sternbild Waage.

In der griechischen Mythologie erscheint der Skorpion in der Geschichte von Orion, aber die Einzelheiten sind je nach Quelle unterschiedlich (siehe Abschnitt über Orion, S. 10). In einer vom griechischen Dichter Aratos vorgelegten Fassung entsandte Artemis, die Göttin der Jagd, den Skorpion, um Orion nach dem Versuch, sie zu verführen, umzubringen. Und der römische Poet Ovid schrieb, dass der Skorpion Orion tötete, als dieser versuchte, Leto, Artemis' Mutter, vor ihm zu retten!

Andere Kulturen haben sich mit der langen, geschwungenen Form des Skorpionschwanzes identifiziert. Die Javaner nennen das Sternbild Kalapa Doyong (‚Schiefer Kokosnussbaum'), und in der hawaiianischen Mythologie ist der Skorpion als Manaiakalani, (der Angelhaken des Halbgottes Maui) bekannt. Chinesische Astronomen identifizierten den Haken der neun Sterne als Konstellation Wei, (den ‚Schwanz' des Blauen Drachen), während Antares einen Teil von Xin, dem Herz des Drachen, bildete.

Antares hat seine eigene mythologische Bedeutung. In Persien war er als Satevis, einer der vier ‚königlichen Sterne' bekannt. In China galt er als Nationalstern der Shang-Dynastie (2. Jahrtausend v. Chr.) und hieß Huŏxīng, ‚Feuerstern'. Neuseelands Maori kennen Antares als Rēhua, den Anführer aller Sterne.

PHILOSOPHIE & LEBENSTIPPS

Instinktive Ängste

Als Tier mit der Fähigkeit, einen bösen Stich auszuteilen, ruft der Skorpion nicht unbedingt positive Gedanken hervor. Doch wie ähnlich verhasste Tiere wie Spinnen oder Ratten sind Skorpione nie mit Absicht bösartig. Sie stechen oder beißen Menschen nur, wenn sie sich bedroht fühlen. Unsere instinktive Angst vor Kreaturen dieser Art lässt oft den Wunsch aufkommen, sie zu töten – als ob sie uns durch ihre bloße Anwesenheit beleidigt hätten. Mit Aufmerksamkeit, Erkenntnis und Güte aber können wir unsere Furcht einfach beobachten und eine bewusste Entscheidung treffen, wie wir auf sie reagieren.

TECHNISCHE DATEN

Himmelsereignisse

- Alpha-Scorpiiden – 15. Mai
- Omega-Scorpiiden – 31. Mai

Deep-Sky-Objekte

- Katzenpfotennebel (NGC 6334) – sternbildende Region
- Schmetterlings-Cluster (M6, NGC 6405) – offener Sternhaufen
- Ptolemäus-Cluster (M7, NGC 6475) – offener Sternhaufen
- NGC 6124 – offener Sternhaufen
- M4 (NGC 6121) – Kugelsternhaufen (7200 Lichtjahre entfernt und unserem Sonnensystem am nächsten)
- M80 (NGC 6093) – Kugelsternhaufen

WISSENSCHAFTLICHES

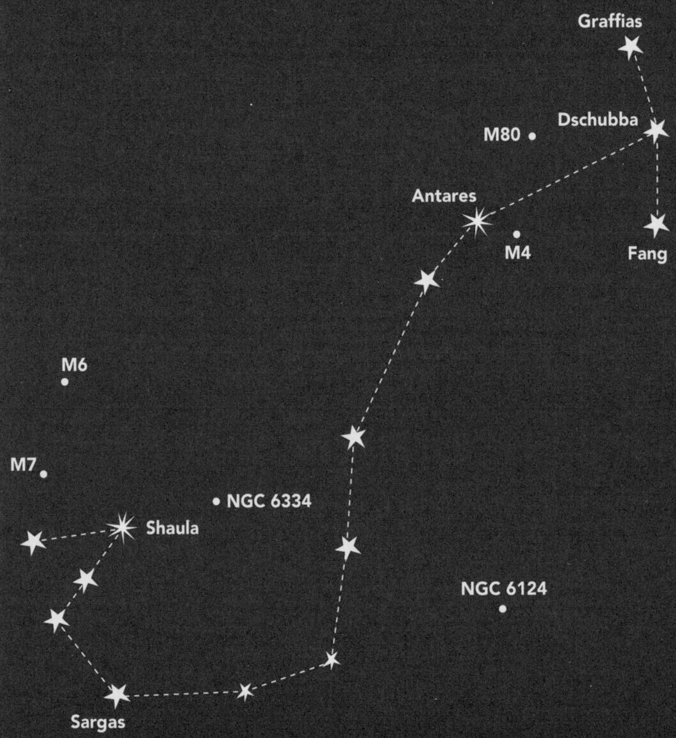

Antares (α Scorpii) begann sein Leben als O-Typ-Stern: eine seltene Art von massivem Stern, der normalerweise in einer heißen, blau-weißen Farbe leuchtet. Er ist jetzt 12 Millionen Jahre alt und hat kaum noch Treibstoff. Der Energiemangel hat dazu geführt, dass er sich auf den etwa 680-fachen Sonnenradius (ungefähr die Größe der Umlaufbahn des Mars) aufgebläht und sich so abgekühlt hat. Nun leuchtet er in kühlerem Rotorange. Den Erwartungen nach wird er in der nächsten Million Jahre als Supernova explodieren.

HERKULES

Nach Hercules (griechisch: Herakles) benannt

Herkules hat weder Sterne von erster oder zweiter Größe und ist daher ein relativ schwaches Sternbild.

Das berühmteste Objekt in der Konstellation ist der Kugelsternhaufen M13, der 1714 von Edmond Halley entdeckt wurde. Er gilt als bestes Beispiel für einen Kugelsternhaufen am Nordhimmel. M13 besteht aus Hunderttausenden von Sternen und hat einen Durchmesser von 145 Lichtjahren.

Die Sonne umkreist die Galaxie mit 220 km/s, zusammen mit den am Nachthimmel sichtbaren Sternen. Eine Umlaufbahn dauert in etwa 225 Millionen Jahre, und seit seiner Entstehung soll das Sonnensystem die Galaxie rund 20-mal vollständig umkreist haben. Die durchschnittliche Bahnbewegung von Sternen in der Sonnenumgebung (innerhalb von 100 Parallaxensekunden) wird als lokaler Ruhestandard definiert. Die einzelnen Bewegungen der Sterne innerhalb dieser Region werden relativ zu diesem Durchschnitt bezeichnet. Die Richtung der relativen Bewegung der Sonne wird Sonnenspitze genannt. Die in den Nachthimmel projizierte Sonnenspitze befindet sich im Sternbild Herkules.

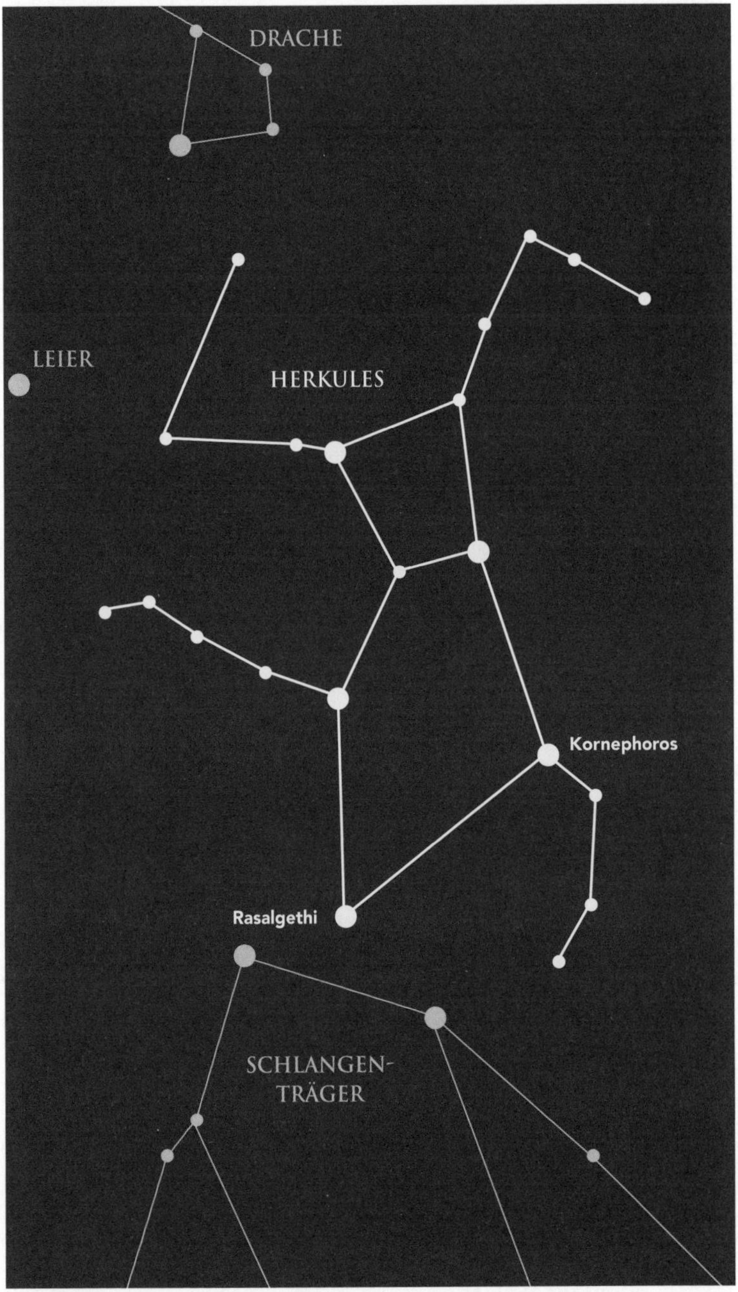
DRACHE
LEIER
HERKULES
Kornephoros
Rasalgethi
SCHLANGEN-
TRÄGER

MYTHEN & KULTURELLE VERBINDUNGEN

Das Sternbild Herkules (griechisch: Herakles) stammt aus alten Zeiten. Die Sumerer assoziierten es mit dem Helden Gilgamesch. Der von den Griechen vererbte Name für die Konstellation war Engonasin, ‚der Kniende'. Der griechische Dichter Aratos beschrieb diese Figur als mit einem Knie gebeugt und von der Arbeit erschöpft. Er fügte hinzu: „Niemand kennt seinen Namen oder was für eine Arbeit er verrichtet." Es war Eratosthenes, der den Knienden später als Herakles identifizierte.

Die Geschichte von Herakles ist lang und kompliziert. Er war das Ergebnis einer Affäre von Zeus und Alkmene, einer Sterblichen. Nachdem Zeus das Baby an der Brust seiner Frau Hera säugen ließ, während sie schlief, wurde Herakles unsterblich. Als er aufwuchs, richtete sich Heras Eifersucht wegen Zeus' Liebschaft voll auf ihn. Eines Tages sprach sie einen Zauber aus, durch den

Herakles den Verstand verlor und seine Frau und Kinder tötete. Als ihm klar wurde, was er getan hatte, befragte er das Orakel von Delphi, wie er für seine schreckliche Tat büßen könne. Das Orakel schickte ihn für 12 Jahre in den Dienst von Eurystheus, dem König von Mykene. Der König trug Herakles eine Reihe von Aufgaben auf, die Heraklestaten. Als Erstes sollte er den Nemeischen Löwen (vom Sternbild Löwe dargestellt) töten. Die zweite Aufgabe bestand darin, den Drachen Hydra (siehe S. 118) umzubringen.

Man assoziiert das Sternbild häufig mit der vorletzten Aufgabe, die goldenen Äpfel aus dem Garten der Hesperiden zu stehlen, die der Drache Ladon, Hydras Bruder, bewachte. Nach einer epischen Reise dorthin tötete Herakles Ladon mit einem Pfeil, stahl die Äpfel und kehrte sicher zurück. Das Sternbild Draco erinnert daran: Am Himmel steht Herakles siegreich auf Dracos Kopf.

PHILOSOPHIE & LEBENSTIPPS

Zur Veränderung fähig

Trotz seiner Unschuld wurde Herakles von Hera einfach wegen seiner Geburt gehasst. Heras Eifersucht und Hass veranlassten ihn später zu einer entsetzlichen Tat. Wie Herkules/Herakles aber haben wir keine Kontrolle über die Umstände unserer Geburt und unsere frühen Jahre. Was wir als Kind erfahren und die sich daraus entwickelnden Verhaltensmuster machen jeden Einzelnen von uns zu dem, was wir sind. Das heißt jedoch nicht, dass wir uns nicht ändern können. Wir sind alle in der Lage, loszulassen, zu vergeben, Fehler wiedergutzumachen und unsere üblichen Gewohnheiten und Ansichten zu ändern.

TECHNISCHE DATEN

Himmelsereignisse

- Tau-Herculiden – 9. Juni (vom Kometen Schwassmann-Wachmann 3 ausgehend)

Deep-Sky-Objekte

- M13 – Kugelsternhaufen
- M92 – Kugelsternhaufen
- Abell 39 – planetarischer Nebel

WISSENSCHAFTLICHES

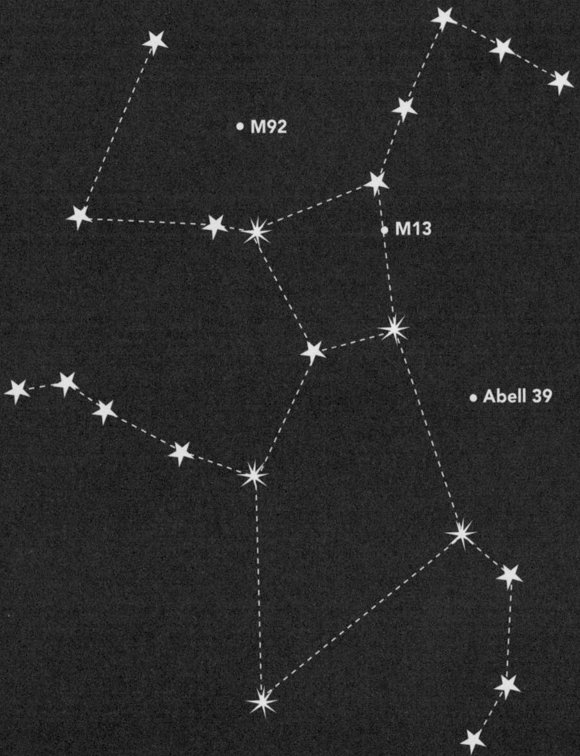

Man nimmt an, dass die Sterne des Kugelsternhaufens M13 12–13 Milliarden Jahre alt sind; sie müssen also ganz am Anfang in der Geschichte der Milchstraßengalaxie entstanden sein. Der Cluster enthält mehrere hunderttausend Sterne. Verglichen mit den Sternen in der Sonnenumgebung sind die Sterne innerhalb von M13 also 100-mal dichter zusammengepackt. Wenn wir auf einem Planeten im Zentrum eines Kugelsternhaufens wie M13 lebten, wäre der Nachthimmel mit Hunderten von extrem hellen Sternen bestückt, wodurch der Himmel immer heller wäre als in einer Vollmondnacht.

ANDROMEDA

Nach Andromeda, der Tochter von König Kepheus und Königin Kassiopeia, benannt

Andromeda ist eines der 48 Sternbilder, die Ptolemäus in seinem *Almagest* aus dem 2. Jahrhundert aufgezeichnet hat, und gehört zur Familie der Perseus-Konstellationen.

Alpheratz (α And), der hellste Stern dieses Sternbilds, stellt den oberen Kopf von Andromeda dar, kreuzt sich aber mit dem Sternbild Pegasus und bildet den nordöstlichen Stern des Großen Vierecks in der Pegasus-Sterngruppe. Der Name Alpheratz stammt vom Arabischen ‚al-faras', ‚Pferd'.

Das Sternbild Andromeda enthält die berühmte Andromedagalaxie (Messier 31). M31 ist auf Andromedas rechter Hüfte positioniert. In einer dunklen Nacht sieht sie mit bloßem Auge wie ein kleiner länglicher Fleck aus und ist das am weitesten entfernte Objekt, das ohne Teleskop sichtbar ist (siehe Wissenschaftliches, S. 85).

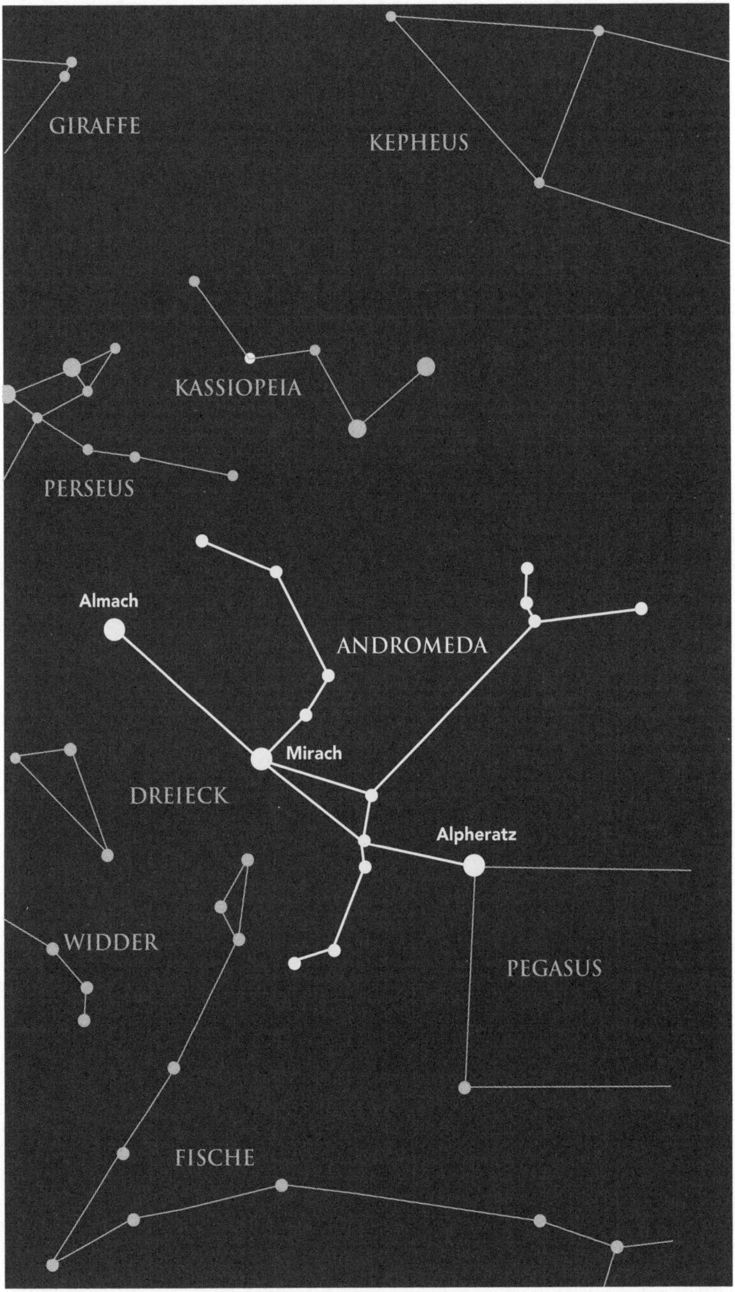
GIRAFFE
KEPHEUS
KASSIOPEIA
PERSEUS
Almach
ANDROMEDA
Mirach
DREIECK
Alpheratz
WIDDER
PEGASUS
FISCHE

MYTHEN & KULTURELLE VERBINDUNGEN

Die Geschichte von Andromeda hat ihre Wurzeln in der griechischen Tradition, obwohl auch frühere babylonische Astronomen in Andromedas Position eine weibliche Figur sahen, die eine Fruchtbarkeitsgöttin darstellte.

Der englische Wissenschaftsjournalist Ian Ridpath sieht in seinem Buch *Star Tales* den Mythos von Andromeda als Originalversion der Legende des Heiligen Georgs und des Drachen an. Andromeda war die Tochter von König Kepheus und Königin Kassiopeia des alten Äthiopiens. Eines Tages rühmte sich Kassiopeia, schöner zu sein als die Nereiden, die mythischen Meeresnymphen. Als Bestrafung für ihre Eitelkeit und Arroganz entsandte der Meeresgott Poseidon das Seeungeheuer/den Drachen Ketos zur Zerstörung der äthiopischen Küste, wobei er Stürme, Überschwemmungen und Verheerungen mit sich brachte. König

Kepheus, der nicht wusste, was er tun sollte, fragte das Orakel von Ammon um Rat, das dem König nahelegte, seine Tochter dem Monster zu opfern. um es zu beschwichtigen. Kepheus kettete Andromeda an eine Klippe und überließ sie ihrem Tod.

Kurz darauf flog der Held Perseus, der gerade die Gorgonin Medusa getötet hatte, auf seinen geflügelten Sandalen vorbei, . Er verliebte sich sofort in Andromeda und rettete sie, indem er Cetus mit seinem diamantenen Schwert umbrachte. Perseus und Andromeda heirateten schließlich und hatten neun Kinder. Als Erinnerung an diese Geschichte platzierte die Göttin Athene Andromeda neben Perseus (S. 52) und ihren Eltern Kepheus und Kassiopeia (S. 34); Ketos (S. 124) wurde in sicherer Entfernung positioniert.

PHILOSOPHIE & LEBENSTIPPS

Töten oder reiten

Im Europa des Mittelalters verwendete man den Drachen häufig dafür, die animalistischen, ‚sündigen' Elemente unserer Persönlichkeit, gern das ‚niedere Selbst' genannt, zu repräsentieren. Die Geschichte von der Unterwerfung und Tötung des Drachen deutete somit das Ziel an, diese niederen Elemente zu dominieren oder zu überwinden, um Tugend und Erleuchtung zu finden. Im Gegensatz dazu verheißen Drachen in der ostasiatischen Mythologie Glück und verkörpern Macht und Weisheit und werden oft verehrt. Wir finden Bilder von Weisen, die Drachen reiten, statt sie zu töten, was das Akzeptieren der Impulse des Selbst symbolisiert.

TECHNISCHE DATEN

Himmelsereignisse

- Andromediden-Meteorschauer – Mitte November (vom Kometen Biela, 3D/Biela, ausgehend)

Deep-Sky-Objekte

- Andromedagalaxie (M31, NGC 224) – Galaxie
- M32 – elliptische Galaxie
- M110 – elliptische Galaxie
- NGC 752 (Caldwell 28) – offener Sternhaufen
- NGC 7662 (Blauer Schneeball) – planetarischer Nebel
- NGC 891– Spiralgalaxie

WISSENSCHAFTLICHES

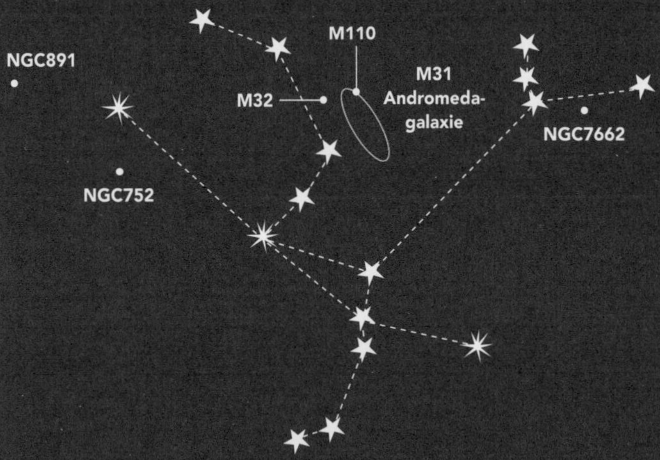

Die Andromedagalaxie (M31) ist die am dichtesten bei der Milchstraße liegende Spiralgalaxie und mit 2,5 Millionen Lichtjahren das mit bloßem Auge sichtbare am weitesten entfernte Objekt am Nachthimmel. Sie gilt als Schwestergalaxie der Milchstraße, da sie in Bezug auf Masse, Größe und Spiralform ähnlich ist. Die Milchstraße und M31 sind gravitativ an eine Gruppe von etwa 30 kleineren Galaxien, Lokale Gruppe genannt, angeschlossen, die eine Gesamtmasse von rund 1012 Sonnenmassen bilden.

Die Andromedagalaxie nähert sich der Milchstraße mit rund 110 km/s, und Simulationen sagen voraus, dass die Andromedagalaxie in etwa 4,5 Milliarden Jahren mit der Milchstraße zu kollidieren beginnt. Dies ist ungefähr die Zeit, in der unserem Sonnensystem allmählich der Treibstoff ausgehen und es sich in einen roten Riesenstern verwandeln wird.

ZWILLINGE

Lateinisch: *Gemini*

Die Zwillinge sind eines der Sternbilder des Tierkreises und beziehen sich auf Kastor und Pollux aus der griechischen Mythologie.

Nachts sollte α Gem (Castor, Helligkeit 1,6) eigentlich der hellste Stern in der Konstellation sein, doch 1603 machte der deutsche Astronom Johann Bayer einen Fehler in seinem Himmelsatlas *Uranometria*. Der hellste Stern ist nämlich β Gem (Pollux, Helligkeit 1,14). Castor ist ein komplexes, besonders seltenes System aus sechs gravitativ gebundenen Sternen (Sechsfach-Sternsystem). Es ist das kollektive Licht aller sechs Sterne, das mit der Helligkeit 1,6 scheint; ohne Teleskop wirken die sechs Sterne jedoch nur wie ein einziger Stern.

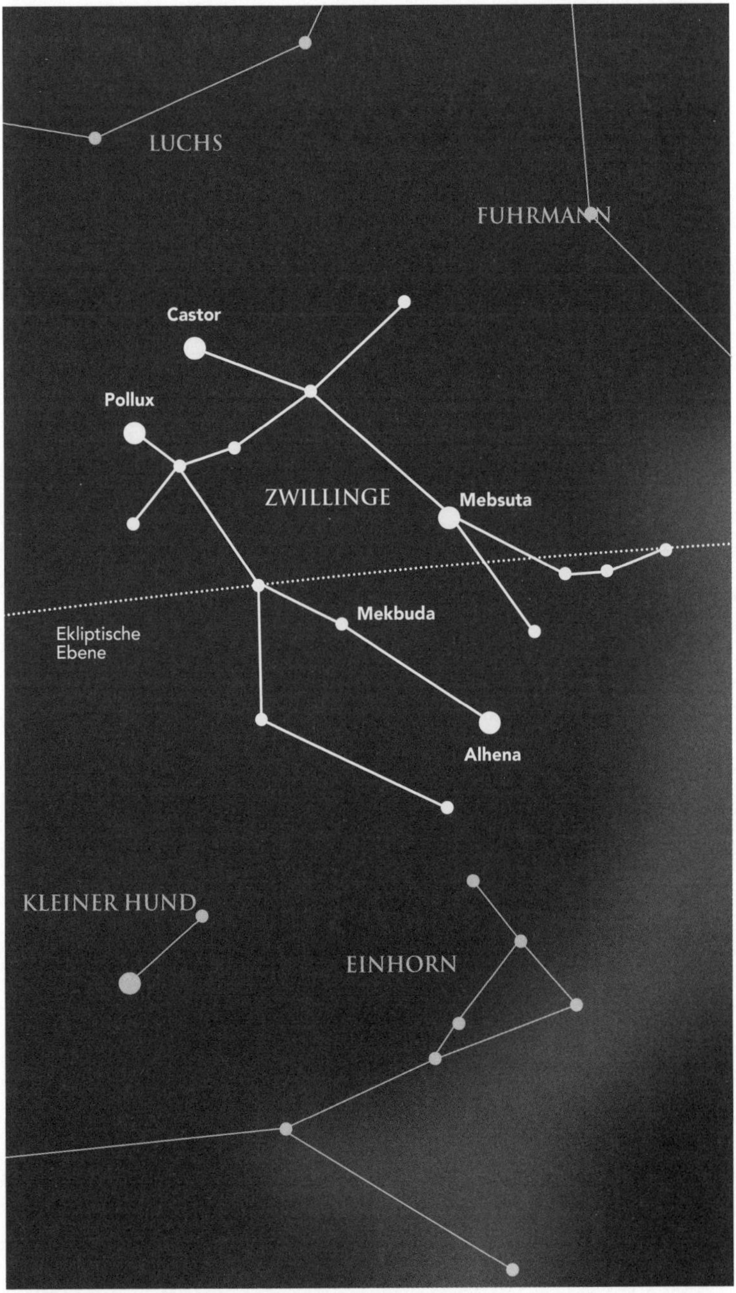
LUCHS
FUHRMANN
Castor
Pollux
ZWILLINGE
Mebsuta
Mekbuda
Ekliptische
Ebene
Alhena
KLEINER HUND
EINHORN

Die Sterne, die wir heute als Castor und Pollux kennen, waren in Babylonien bereits als Große Zwillinge bekannt. Die Griechen erbten diese Mythologie, und die Zwillinge wurden mit der Geschichte von Kastor und Polydeukes (oder Castor und Polydeuces/Pollux im Lateinischen) in Verbindung gebracht. Eines Tages besuchte Zeus als Schwan verkleidet (durch das Sternbild Schwan dargestellt, S. 38) Leda, die Königin von Sparta, und verführte sie. In jener Nacht schlief sie aber auch mit ihrem Gemahl, König Tyndareus. Leda gebar später vier Kinder: Pollux und Helena (die spätere Helena von Troja) waren Zeus' Kinder und somit unsterblich; Kastor und Klytämnestra waren der Nachwuchs von Tyndareus und daher sterblich.

Kastor und Pollux wuchsen als engste Freunde auf. Kastor wurde ein berühmter Reiter und Krieger, der Herakles (Herkules) das

Fechten beibrachte; Pollux wurde ein gefeierter Kämpfer. Beide wurden ausgewählt, sich den Argonauten anzuschließen und Jason auf der Suche nach dem Goldenen Vlies zu begleiten. Auf der Reise erwiesen sich ihre Fähigkeiten bei vielen Gelegenheiten als nützlich.

Einige Zeit später geriet Kastor in einen Streit über eine Frau und wurde tödlich verletzt. Der untröstliche Pollux flehte seinen Vater Zeus an, Kastor unsterblich zu machen, was er auch tat, indem er beide gemeinsam am Himmel verewigte.

In der chinesischen Mythologie vereinnahmt Jing, ‚Brunnen' (auch ‚Östlicher Brunnen'), den größten Teil der Zwillinge. Kastor und Pollux bilden einen Teil von Beihe, dem nördlichen Fluss..

PHILOSOPHIE & LEBENSTIPPS

Die Bedeutung guter Freunde

Nicht jeder von uns wächst in einer so engen Freundschaft wie zwischen Kastor und Pollux auf, doch wir haben meistens ein oder zwei enge Freunde, mit denen wir Spaß haben und die wir anrufen können, wenn wir reden möchten. Unser Freundschaftsnetzwerk ist von unschätzbarem Wert. Rufen Sie sich Ihre engsten Freunde ins Gedächtnis und wünschen Sie ihnen Glück und Gesundheit. Einer Theorie zufolge ist jeder auf der Welt durch maximal sechs Trennungsgrade verbunden. Wenn Sie in der Lage sind, Ihre guten Wünsche auf die Freunde Ihrer Freunde und auch deren Freunde auszudehnen, wünschen Sie wahrscheinlich einem Großteil der Welt Glück.

TECHNISCHE DATEN

Himmelsereignisse

- Geminiden-Meteorschauer – Höhepunkt am 13.–14. Dezember mit einer maximalen Rate von annähernd 100 Meteoren pro Stunde (vom Asteroiden Phaethon ausgehend).
- Rho-Geminiden-Meteorschauer – 8. Januar

Deep-Sky-Objekte

- M35 (NGC 2168) – offener Sternhaufen
- NGC 2158– offener Sternhaufen
- Clownsgesichtnebel (NGC 2392) – planetarischer Nebel
- Quallennebel (IC 443) – Supernova-Überrest
- Medusanebel – planetarischer Nebel

WISSENSCHAFTLICHES

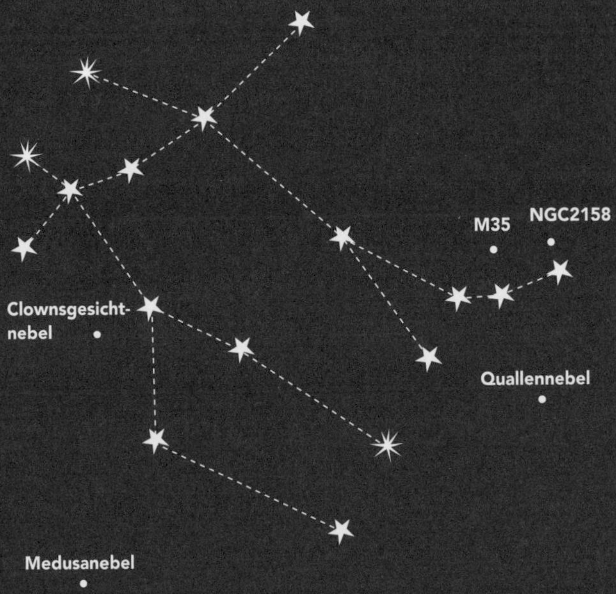

Der Begriff ‚planetarischer Nebel' ist eine Fehlbezeichnung, da er nichts mit Planeten zu tun hat – für Astronomen mit frühen Teleskopen sah er nur wie Nebel aus! Nebel dieser Art ist die Endphase von Sternen mittlerer Masse mit der Größe unserer Sonne oder auch größer. Unsere Sonne wird am Ende ihres Daseins ebenfalls einen planetarischen Nebel bilden. Wenn sich diese Sterne ihrer Endphase nähern und keinen Treibstoff mehr haben, beginnen sie zu pulsieren und stoßen Materialschichten, oft in kunstvollen Lagen und Richtungen, in das sie umgebende All ab. Dieses Material wird vom Zentralstern beleuchtet und erscheint uns als Nebel. Der Clownsgesichtnebel ist ein spektakuläres Beispiel eines planetarischen Nebels mit leuchtenden Hüllen und Gasschichten, die dem Gesicht eines Clowns ähneln.

SCHÜTZE

Lateinisch: *Sagittarius*

Der Schütze, gewöhnlich als bogenspannender Zentaur dargestellt, ist eines der 12 Sternbilder des Tierkreises und erstreckt sich über eine der hellsten Regionen der Milchstraße. Innerhalb dieses Gebiets der Konstellation befindet sich Ross 154, ein Stern, der nur 9,7 Lichtjahre von der Erde entfernt ist; er ist jedoch so schwach, dass man ihn nicht mit bloßem Auge sehen kann.

Trotz der Bezeichnung ‚Alpha' ist Alpha Sagittarii (α Sgr, als Rukbat bekannt) nicht der hellste Stern des Sternbilds. Diesen Platz nimmt Epsilon Sagittarii (ε Sgr, als Kaus Australis bekannt) mit einer Helligkeit von 1,85 ein. Der zweithellste Stern der Konstellation ist Sigma Sagittarii (σ Sgr), allgemein Nunki benannt. Es dürfte sich dabei um einen babylonischen Namen handeln, der die heilige Stadt Eridu am Euphrates bezeichnet, womit Nunki der gegenwärtig benutzte älteste Sternname ist.

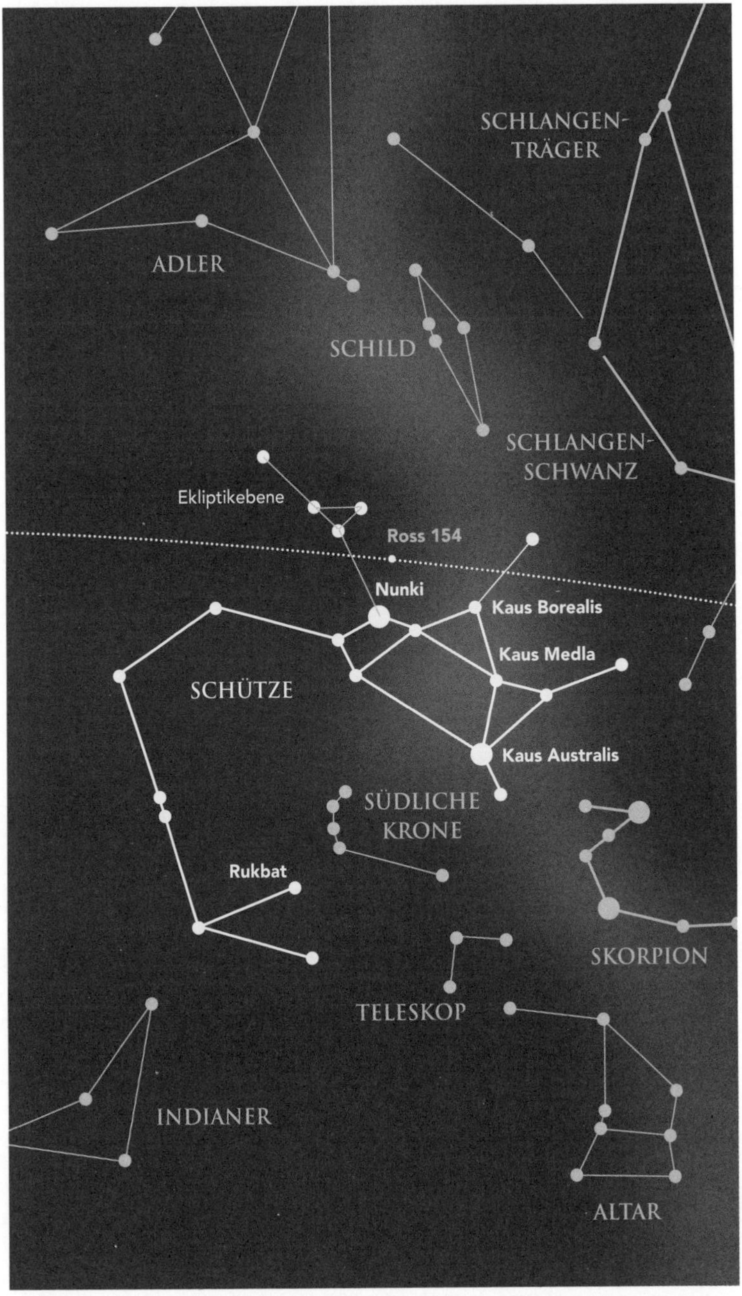
ADLER
SCHLANGEN-
TRÄGER
SCHILD
SCHLANGEN-
SCHWANZ
Ekliptikebene
Ross 154
Nunki
Kaus Borealis
Kaus Medla
SCHÜTZE
Kaus Australis
SÜDLICHE
KRONE
Rukbat
SKORPION
TELESKOP
INDIANER
ALTAR

MYTHEN & KULTURELLE VERBINDUNGEN

Das Sternbild Schütze ist in den Zivilisationen der alten Sumerer und Babylonier verwurzelt. Die Sumerer assoziierten es mit Pabilsag, dem Gott des Krieges und der Jagd; die Babylonier identifizierten es als den Bogenschützengott Nergal, eine zentaurartige Kreatur. Nergal hielt einen Pfeil und Bogen und hatte zwei Köpfe (einen menschlichen und den eines Panthers), den Körper eines Pferds, Flügel und den Stachel eines Skorpions.

Das mythologische Erbe fiel den Griechen zu, was dazu führte, dass manche den Schützen als einen der Zentauren, halb menschliche, halb pferdeartige Geschöpfe, ansahen. Im Gegensatz zum Sternbild des Centaurus, das üblicherweise den noblen und gelehrten Zentauren Cheiron darstellt, ist das Sternbild des Schützen gewöhnlich wilder und kriegerischer.

Andere Griechen bezweifelten, dass der Schütze überhaupt ein Zentaur war. Eratosthenes argumentierte, dass Zentauren keine Bogen benutzten, und identifizierte Sagittarius stattdessen als einen Satyr, einen Waldgott namens Krotos (der Sohn von Pan und Eupheme), der als Mann mit Pferdeohren und Schweif dargestellt wurde. Krotos wird die Erfindung des Bogenschießens zugeschrieben; laut des griechischen Mythos verlangten die Musen, dass Zeus Krotos am Himmel platzierte, damit er dauerhaft die Kunst des Bogenschießens demonstrierte.

Der Pfeil des Schützen richtet sich auf den Stern Antares, der das Herz des Skorpions bildet, Der Schütze ist daher bereit, Orion zu verteidigen, falls dieser vom Skorpion angegriffen werden sollte (siehe Abschnitt über Skorpion, S. 70).

PHILOSOPHIE & LEBENSTIPPS

Der Pfeil der Zeit

Der Pfeil des Schützen zeigt nach Westen in Richtung der untergehenden Sonne und Sterne. Seit jeher haben die Sterne am Nachthimmel das Tempo der Zeit bestimmt und landwirtschaftliche und religiöse Kalender beeinflusst. In der Vergangenheit hielten Physiker die Zeit für konstant und unveränderlich, doch Albert Einstein zeigte, dass sie von Schwerkraft und Geschwindigkeit verzerrt werden kann. Einige Physiker der Neuzeit halten das Vergehen der Zeit für eine Illusion, hervorgerufen von unserer begrenzten Fähigkeit, das Universum wahrzunehmen. Vielleicht zählt nur, wie wir hier und jetzt leben, in diesem nie wiederkehrenden Moment.

TECHNISCHE DATEN

Himmelsereignisse

- Sagittariiden – 19. Juni
- Delta-Sagittariiden – 11. Juli
- Gamma-Sagittariiden – 13. September

Deep-Sky-Objekte

- Sagittarius-Sternwolke (M24, IC 4715) – Sternwolke innerhalb der Milchstraße
- M18 (NGC 6613) – offener Sternhaufen
- Omeganebel (M17, NGC 6618) – sternbildende Region
- Lagunennebel (M8, NGC 6523) – sternbildende Region
- Trifidnebel (M20, NGC 6514) – sternbildende Region
- Barnardgalaxie (NGC 6822, Caldwell 57) – irreguläre Galaxie

WISSENSCHAFTLICHES

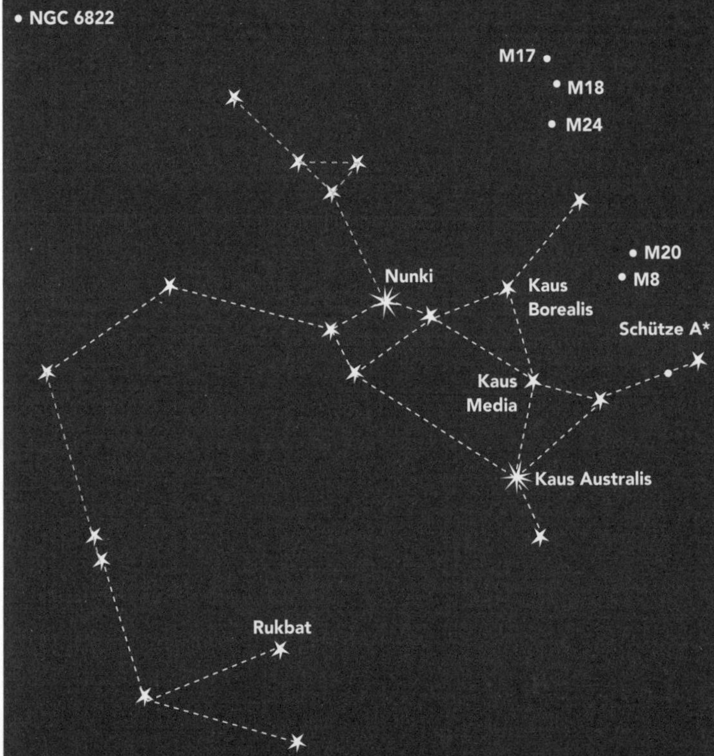

Das Sternbild Schütze beherbergt eine als Sagittarius A* bekannte Region, die das Zentrum unserer Milchstraße ist. Ihre Sichtbarkeit wird durch große Staubwolken in den Spiralarmen der Galaxie verdeckt, ist in Radiowellen aber deutlich zu erkennen. Man nimmt an, dass sich hier ein gigantisches Schwarzes Loch befindet, dessen Masse 4,1 Millionen Mal so groß ist wie die unserer Sonne.

SCHLANGENTRÄGER

Griechisch: *Ophiuchus*
Lateinisch: *Serpentarius*

Der Schlangenträger ist ein ziemlich großes, aber recht mattes Sternbild. Da seine Grenzen über die Ekliptikebene verlaufen, könnte man ihn zu den Sternbildern des Tierkreises zählen, und im Verlauf der Jahrhunderte hat es (erfolglose) Versuche gegeben, ihn mit einzubeziehen. Manche nennen den Schlangenträger jedoch unbeirrt das 13. Sternbild des Tierkreises.

Ophiuchus wird gemeinhin mit Äskulap (Asklepios), dem griechischen Gott des Heilens und der Medizin, assoziiert, dessen Symbol ein von einer Schlange umwundener Stab, der Äskulapstab, ist. Im Westen ist er in der Neuzeit das vorherrschende Symbol für Medizin und Gesundheitspflege und wird auf der Flagge der WHO (World Health Organisation; Weltgesundheitsorganisation) sowie als Emblem für den ärztlichen Notdienst in Großbritannien und vielen anderen europäischen Ländern verwendet. In den USA hat man den Schlangenträger fälschlicherweise mit dem Symbol des Caduceus verwechselt, das heute oft für Gesundheitspflege und ärztliche Dienste benutzt wird.

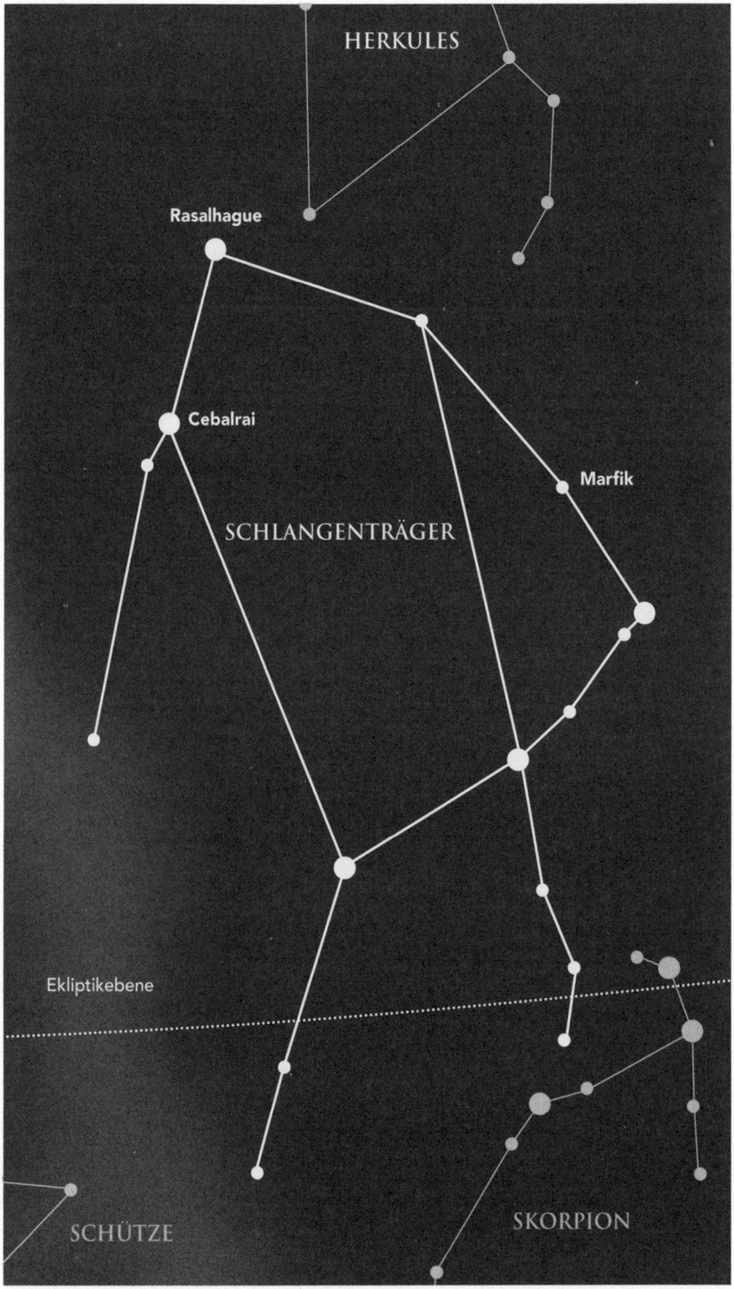
HERKULES
Rasalhague
Cebalrai
Marfik
SCHLANGENTRÄGER
Ekliptikebene
SCHÜTZE
SKORPION

Der Schlangenträger wird im Allgemeinen als Figur dargestellt, um deren Taille sich eine Schlange windet oder zwischen deren Beinen sich eine Schlange schlängelt, vom benachbarten Schlangenkopf (Serpens Caput) und Schlangenschwanz (Serpens Cauda) repräsentiert.

In einem Mythos stellt Ophiuchus den Gott Apollo dar, der mit der riesigen Schlange Python kämpft, die das Orakel von Delphi bewacht. In einer anderen Version wurde Ophiuchus mit Laokoon, dem trojanischen Priester, identifiziert, der seine Mitbürger vor dem Trojanischen Pferd warnte und später von zwei Seeschlangen getötet wurde, die man zu seiner Bestrafung entsandt hatte. In der Mythologie der späteren Römerzeit assoziiert man die Figur mit Apollos Sohn Äskulap/Asklepius, der den Ruf hatte, Tote mit seinen wundersamen Heilkräften wieder zum Leben zu erwecken. Äskulap wurde von Cheiron großgezogen, dem mit der Konstellation Centaurus verbundenen weisen Zentaur

.

Es gibt mehrere Möglichkeiten, die Verbindung zwischen Äskulap und Heilen mit einer Schlange zu erklären. Ein Mythos beschreibt, wie Äskulap seine heilenden Kräfte von einer Schlange lernte, nachdem er einer anderen Schlange, die sich verletzt hatte, Heilkräuter brachte. Manche haben die Schlange mit dem Abwerfen ihrer Haut assoziiert, das Erneuerung und Verjüngung symbolisiert; andere sehen darin die Doppelnatur von Leben und Tod, Krankheit und Gesundheit.

Äskulaps Geschichte endete, als Zeus ihn durch einen Blitz tötete. Äskulap hatte sich zu einem so guten Heiler entwickelt, dass Zeus befürchtete, er würde die Menschheit unsterblich machen und den Fluss der Seelen zur Unterwelt zum Versiegen bringen.

PHILOSOPHIE & LEBENSTIPPS

In Anbetracht des Todes

Zeus war besorgt, dass Äskulap als erstaunlicher Heiler die menschliche Rasse unsterblich machen würde. Die moderne Medizin ist zwar noch nicht an diesem Punkt angelangt, aber sie ist mittlerweile so gut, dass wir mit Recht annehmen, dass es eine Behandlung gibt, egal, woran wir eventuell erkranken. Infolgedessen ist der Tod zu einem Tabuthema geworden. Viele wollen einfach nicht darüber reden oder Sterben in Erwägung ziehen. Wie sehen Sie Ihren eigenen Tod auseinander? Es kann uns helfen, freier und mit mehr Freude zu leben, wenn wir mit unserer eigenen Sterblichkeit klarkommen.

TECHNISCHE DATEN

Himmelsereignisse

- Ophiuchiden – 20. Juni

Deep-Sky-Objekte

- M9 (NGC 6333) – Kugelsternhaufen
- M10 (NGC 6254) – Kugelsternhaufen
- M12 (NGC 6218) – Kugelsternhaufen
- M14 (NGC 6402) – Kugelsternhaufen
- M19 (NGC 6273) – Kugelsternhaufen
- M62 (NGC 6266) – Kugelsternhaufen
- M107 (NGC 6171) – Kugelsternhaufen
- Kleiner Geisternebel (NGC 6369) – planetarischer Nebel
- Dunkler Pferdenebel – Dunkelwolken
- Pfeifennebel (Barnard 59) – Dunkelwolken
- Schlangennebel (Barnard 72) – Dunkelwolken

WISSENSCHAFTLICHES

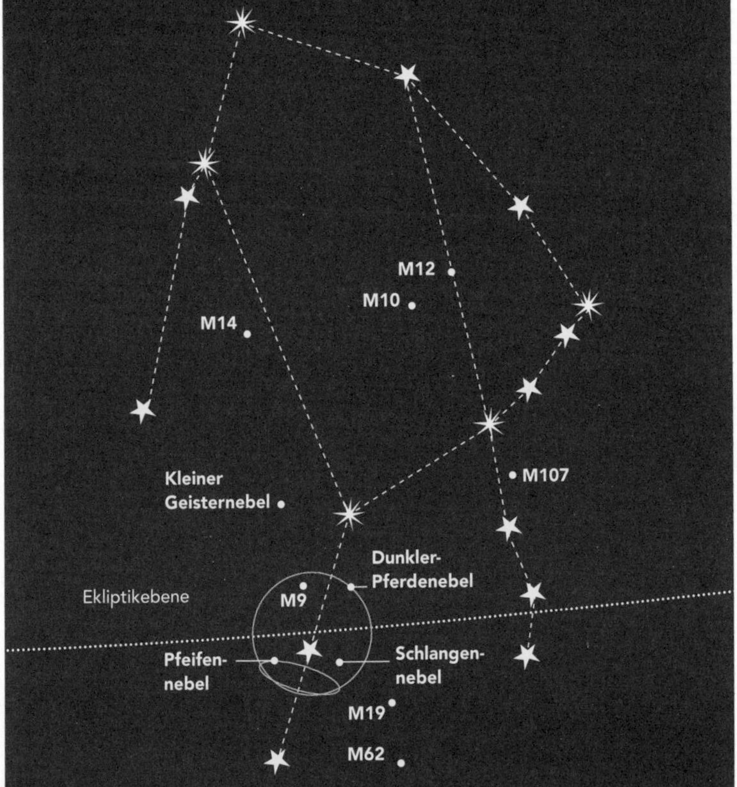

Der Schlangenträger überspannt die Ekliptikebene, d. h., er hätte zu den Sternbildern des Tierkreises gehören können. Die Ekliptikebene ist die imaginäre Ebene, auf der die Erde um die Sonne kreist. Sie ist der scheinbare Weg, den die Sonne im Laufe eines Jahres über den Himmel nimmt (gegen die Sterne gesehen). Da die Rotationsachse der Erde um 23,4° von der Ekliptik versetzt ist, kreuzt Letztere die Projektion des Erdäquators (Himmelsäquator) an zwei Punkten – den Äquinoktien. Die Planeten befinden sich am Himmel in der Nähe der Ekliptik, da sie alle in etwa in derselben Ebene kreisen.

JUNGFRAU

Lateinisch: *Virgo*

Die Jungfrau ist auf der Ekliptikebene, der Bahn, der die Sonne allem Anschein nach am Himmel folgt, positioniert und gehört zu den Sternbildern des Tierkreises, einer Sammlung von 12 Konstellationen, die alle auf der Ekliptik liegen.

Es ist das zweitgrößte Sternbild am Himmel und beherbergt gegenwärtig den Punkt der Herbst-Tagundnachtgleiche, der verwirrenderweise als Erster Punkt der Jungfrau bekannt ist. Dies ist der Punkt, an dem um den 23. September der scheinbare Weg der Sonne über den Himmel (Ekliptik) die projizierte Linie des Erdäquators (Himmelsäquator) überquert.

Die offensichtlich falsche Benennung des Ersten Punkts der Jungfrau erklärt sich durch die Präzession der Rotationsachse der Erde; der Punkt lag im Sternbild Waage, als Hipparchos ihn 130 v. Chr. zum ersten Mal definierte, ist seitdem jedoch in die Waage übergegangen. Auf ähnliche Weise ist die Frühlings-Tagundnachtgleiche als Erster Punkt des Widders bekannt, befindet sich momentan aber im Sternbild Fische.

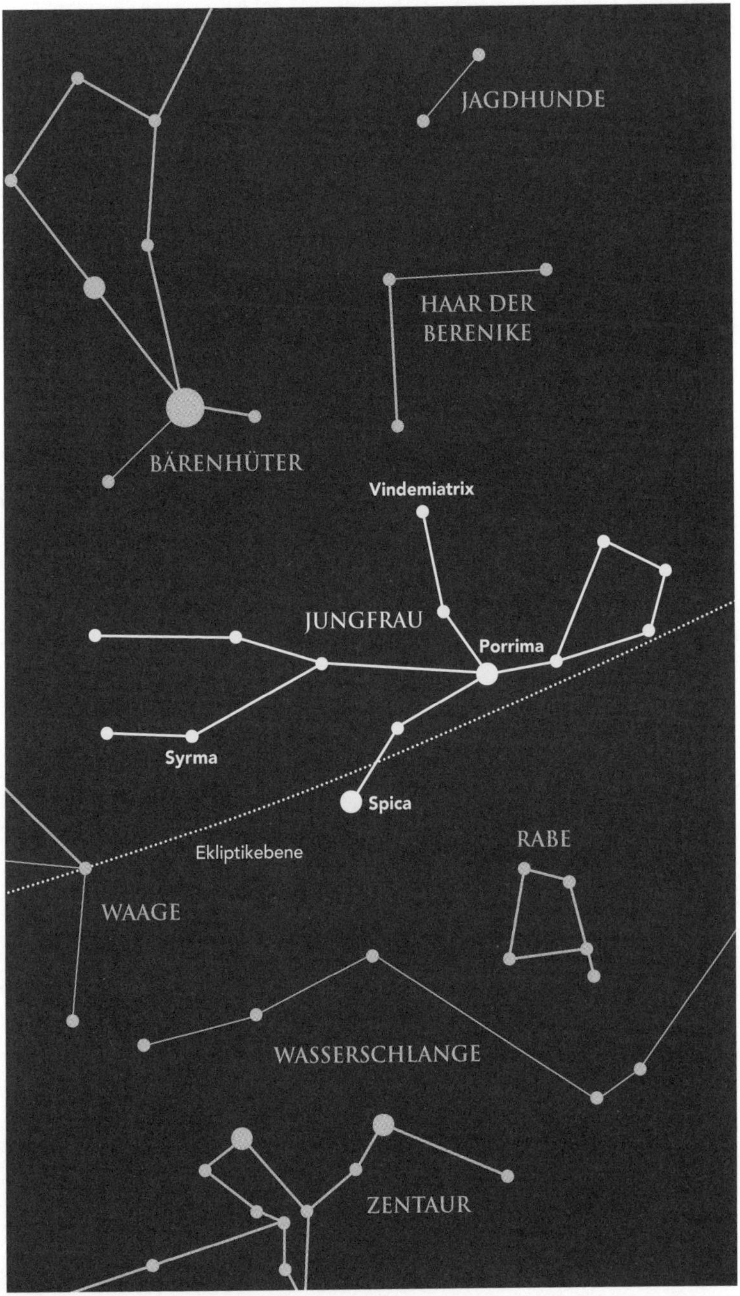

JAGDHUNDE
HAAR DER BERENIKE
BÄRENHÜTER
Vindemiatrix
JUNGFRAU
Porrima
Syrma
Spica
Ekliptikebene
RABE
WAAGE
WASSERSCHLANGE
ZENTAUR

MYTHEN & KULTURELLE VERBINDUNGEN

Im alten Babylonien war ein Teil der Jungfrau als ‚Furche' bekannt und repräsentierte Shala, die Göttin des Getreides; der lateinische Name des hellsten Sterns des Sternbilds, Spica (α Virginis), bedeutet ‚Ähre'. Frühe griechische Astronomen assoziierten diese babylonische Konstellation mit Demeter, der Göttin der Aussaat, Vegetation. Fruchtbarkeit und Ernte.

In einer Geschichte wurde Demeter Tochter Persephone (die in Virgo dargestellte Jungfrau) von Hades, dem König der Unterwelt, entführt. Ihre gramgebeugte Mutter wurde wütend und gebot dem Wachsen aller Grünpflanzen Einhalt. Zeus, zum Eingreifen gezwungen, entschied, dass Persephone zu Demeter zurückkehren konnte, sofern sie in der Unterwelt nichts gegessen hatte. Unglücklicherweise hatte Persephone einige Granatapfelkerne verspeist. Als Lösung ordnete Zeus an, dass Persephone sechs Monate bei Hades in der Unterwelt blieb und die anderen sechs Monate bei ihrer Mutter verbrachte. Während Persephones Aufenthalts in der Unterwelt vermisste Demeter ihre Tochter so sehr, dass sie ihre Pflichten vernachlässigte und die Erde dem Untergang überließ – ein Zeitraum, der den Herbst- und Wintermonaten entsprach. Das Erscheinen des Sternbilds Jungfrau im Frühjahr signalisiert Persephones Rückkehr zu einer überglücklichen Demeter und dem neuen Wachstum von Grünpflanzen und Getreide. In der indischen Astrologie ist Virgo als Kanya (‚Jungfrau') bekannt, was auf eine gemeinsame kulturelle Wurzel mit dem griechischen Mythos hindeutet.

In der chinesischen Astronomie ist Spica als ‚Erster Stern des Horns' des Sternbilds Blauer Drache bekannt. In Brasilien ist er auf der Nationalflagge zu sehen und repräsentiert den Staat Pará.

PHILOSOPHIE & LEBENSTIPPS

Lebensrhythmen

Für die alten Griechen zeigte der Aufstieg der Jungfrau den Wechsel der Jahreszeiten an. Der Mensch hat sich über Millionen von Jahren entwickelt und dabei im Einklang mit den Rhythmen der Natur gelebt. Heute ist unser Leben kaum noch mit diesen Urzyklen verbunden. Wir müssen keine Lebensmittel für den Winter konservieren und können das Licht einschalten, wenn es Abend wird. Eine erstaunliche Veränderung, doch was sind die Konsequenzen? Lichtverschmutzung hindert uns oft daran, die Sterne zu beobachten. Ein Tagebuch hilft: Mondphasen, das Wetter, die Positionen der Planeten notieren und das zeichnen, was Sie sehen.

TECHNISCHE DATEN

Himmelsereignisse-

- Eta-Virginiden – 18.–19. März
- Alpha-Virginiden – 7.–18. April
- Mu-Virginiden – 24. April

Deep-Sky-Objekte

- NGC 4697 (Caldwell 52) – elliptische Galaxie
- Sombrerogalaxie (M104, NGC 4594) – elliptische Galaxie
- Virgo-Superhaufen – enthält über 1000 Galaxien einschließlich M49, M58, M59, M60, M61, M84, M86, M87, M89, M90. Plus:
- Augengalaxien (NGC 4435 und NGC 4438) – wechselwirkende Galaxien
- Siamesische Zwillinge (NGC 4567 und NGC 4568) – wechselwirkende Galaxien

WISSENSCHAFTLICHES

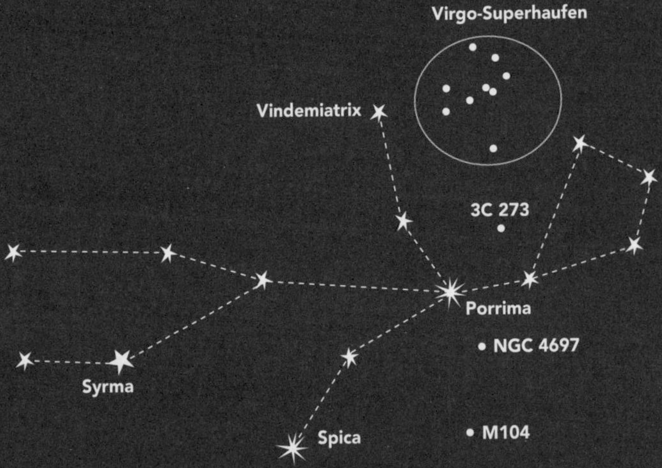

3C 273 in der Jungfrau war eine der am ersten entdeckten extragalaktischen, außerhalb der Jungfrau liegenden Röntgenquellen und der erste entdeckte Quasar. Er ist 2,5 B Jahre entfernt. Der Begriff Quasar (‚quasi stellares Objekt') bezeichnet Galaxien, die sternartig aussehen – das von diesen Galaxiearten ausgehende Licht wird von ihren extrem hellen und kompakten Kernen dominiert. Quasare können eine Leuchtkraft haben, die tausendmal größer ist als die der Milchstraße. Dieses ganze Licht stammt vom aktiven galaktischen Nukleus (AGN), der aus einem supermassiven Schwarzen Loch mit einer Masse, die Millionen bis Billionen Mal größer als die Masse unserer Sonne ist und von einer heißen, hellen Akkretionsscheibe (einer Anhäufung von wirbelndem Gas) umgeben wird; diese bildet sich aus Material, das auf das Schwarze Loch zufällt wie Wasser, das in einen Abfluss fließt.

ERIDANUS

Altgriechischer Name für den Fluss Po in Italien

Eridanus, Teil der Sternbildfamilie ‚Himmlische Gewässer' (so genannt wegen ihrer Wasserassoziationen), wird seit der Antike als fließender Fluss dargestellt. Diese riesige, weitläufige Konstellation hat 30 Hauptsterne, die die Flusssterngruppe ausmachen. Das Sternbild beginnt dicht beim Stern Rigel (einem von Orions Füßen) und windet sich an Ketus und Fornax vorbei. Der Fluss endet bei Achernar (α Eridani), dem hellsten Stern des Sternbilds. Achernar kommt aus dem Arabischen und bedeutet das ‚Ende des Flusses'.

Die Sterne der nahegelegenen Konstellation Fornax wurden 1752 vom französischen Astronomen Louis de Lacaille aus mehreren matten Sternen im südlichen Teil von Eridanus kreiert.

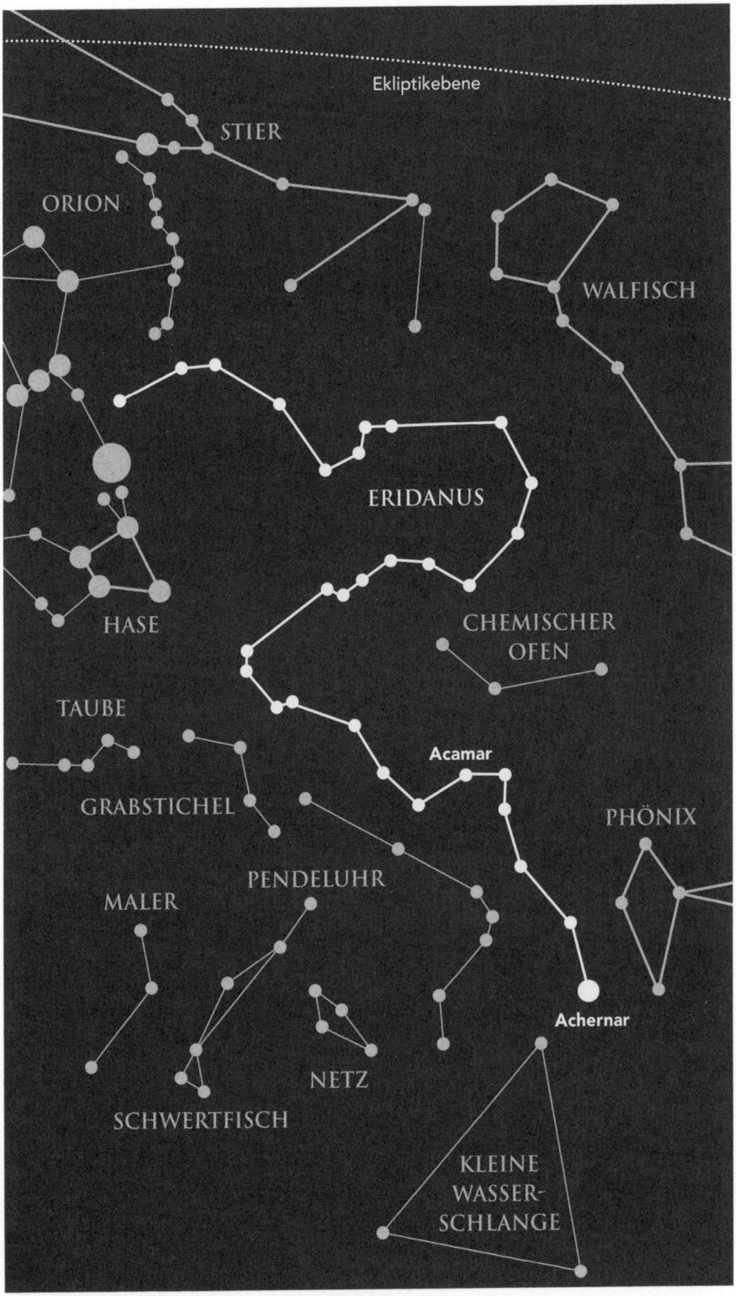
Ekliptikebene
STIER
ORION
WALFISCH
ERIDANUS
HASE
CHEMISCHER
OFEN
TAUBE
Acamar
GRABSTICHEL
PHÖNIX
PENDELUHR
MALER
Achernar
NETZ
SCHWERTFISCH
KLEINE
WASSER-
SCHLANGE

Der mythische Ursprung von Eridanus ist komplex. Einer Theorie zufolge stammt Eridanus aus der babylonischen Stadt Eridu. Die griechischen Dichter Eratosthenes und Aratos assoziierten sie mit Flüssen: dem Nil in Ägypten und dem Po in Italien. Der griechische Astronom Ptolemäus bezeichnete das Sternbild als Potamos, ‚Fluss'.

Ein griechischer Mythos beschreibt, dass der Eridanus aus den Gewässern des Wassermanns, Aquarius, fließt. In einem anderen Mythos – einer Variante der Geschichte von Cygnus (siehe S. 40)– wird Eridanus mit Phaëton, dem Sohn des Sonnengottes Helios, in Verbindung gebracht. Helios fuhr die Sonne in seinem Wagen jeden Tag auf ihrem vertrauten Weg am Himmel entlang. Der junge Phaëton bat darum, den Wagen selbst zu lenken, und sein Vater willigte schließlich ein, unter der Bedingung, dass

Phaëton der üblichen Spurrille folgte. Phaëton fehlte es jedoch an der notwendigen Kraft, den Wagen zu kontrollieren, der sich wild in alle Richtungen drehte und so dicht an die Erde fiel, dass das Land Feuer fing (so soll aus Libyen eine Wüste entstanden sein). Zeus schlug Phaëton mit einem Blitz nieder, um die Katastrophe zu beenden. Das Sternbild Eridanus stellt entweder den gewundenen Weg dar, dem Phaëton folgte, oder den Fluss, in den er fiel, als er brennend aus dem Wagen sprang.

Eridanus heißt Srótaswini in Sanskrit (*srótas* bedeutet ,Kurs eines Flusses oder Stroms'), was auf eine kulturelle Verbindung mit dem griechischen Mythos hindeutet. Er wird mit dem Ganges assoziiert und beginnt dicht beim Kopf von Nataraja, einer Hindu-Inkarnation von Shiva, den das Sternbild Orion darstellt.

PHILOSOPHIE & LEBENSTIPPS

Der Lebensweg ist wie ein Fluss

Wir alle glauben, dass wir Kontrolle über unser Leben haben; es gibt uns ein Gefühl der Sicherheit. In Wirklichkeit aber haben wir weniger im Griff, als uns lieb ist. Das Leben ist wie ein Fluss: Es bewegt sich unaufhörlich vorwärts, folgt Drehungen und Wendungen, trifft auf Felsen, stürzt in Abgründe und gleitet über sonnige Weiden. Wenn wir gegen den Strom schwimmen, wird das Leben schwieriger und frustrierender. Bestenfalls können wir unseren Kurs so abändern, dass wir links um den Felsen steuern, nicht rechts – die Gelegenheit nutzen, wenn sie sich ergibt, oder nicht. Wir können uns nur mitreißen lassen. Und wer weiß, wohin uns das führt ...

TECHNISCHE DATEN

Himmelsereignisse

- Upsilon-Eridaniden – 16. Januar
- Eta-Eridaniden – 9. August
- Epsilon-Eridaniden – 23. November

Deep-Sky-Objekte

- Hexenkopfnebel (IC 2118) – Reflexionsnebel (vom hellen Stern Rigel im benachbarten Sternbild Orion beleuchtet)
- NGC 1232 – Spiralgalaxie
- NGC 1234 – Balkenspiralgalaxie
- NGC 1300 – Balkenspiralgalaxie
- NGC 1332 – Spiralgalaxie
- NGC 1395 – elliptische Galaxie
- NGC 1535 – planetarischer Nebel

WISSENSCHAFTLICHES

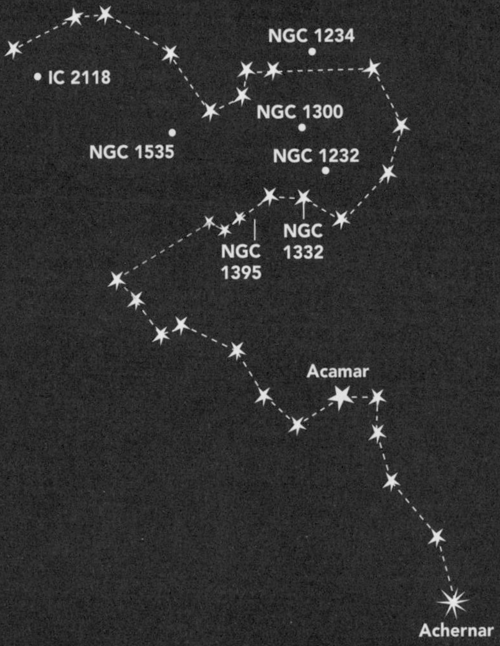

Eridanus enthält verschiedene Galaxien, die man durch ein Amateurteleskop sehen kann. Im Jahr 1926 erstellte Edwin Hubble ein Klassifizierungsschema für Galaxien, das auf ihrer Form und Spiralenmerkmalen basierte. Elliptische Galaxien (E) sind ovalförmig und haben keine Spiralenmerkmale; sie sind in E0–E7 unterteilt: E0 ist kugelförmig, E3 oval (E4–7 wird heute als anderer Galaxientyp angesehen). Spiralgalaxien (S) mit zentraler Wölbung, einer Scheibe und Spiralarmen sind in Werte von a–c unterteilt; eine Sa-Galaxie hat die am engsten gewundenen Arme. Einige Spiralgalaxien haben eine Sternstruktur in Form eines Balken; diese sind als Balkenspiralgalaxien (SB) bekannt und in a–c unterteilt. Zusätzlich zu diesen Galaxien gibt es irreguläre Galaxien, die eine amorphere Form haben.

WASSERSCHLANGE

Lateinisch: *Hydra*

Hydra, als weibliche Wasserschlange angesehen, ist das größte Sternbild am Himmel; es nimmt eine Fläche von 1303 Quadratgrad ein und erstreckt sich über mehr als 100 Grad. Sie wurde im 2. Jahrhundert vom griechischen Astronomen Ptolemäus aufgeführt. Hydra sollte man nicht mit dem Sternbild Hydrus (‚Kleine Wasserschlange') verwechseln, das man als männliches Gegenstück betrachtet.

Der Name des hellsten Sterns, Alphard (α Hydrae), bedeutet ‚der Einsame', da er in einem kleinen Himmelsgebiet ohne viele andere helle Sterne liegt. Alphard ist auf der Nationalflagge Brasiliens abgebildet und repräsentiert den Bundesstaat Mato Grosso do Sul.

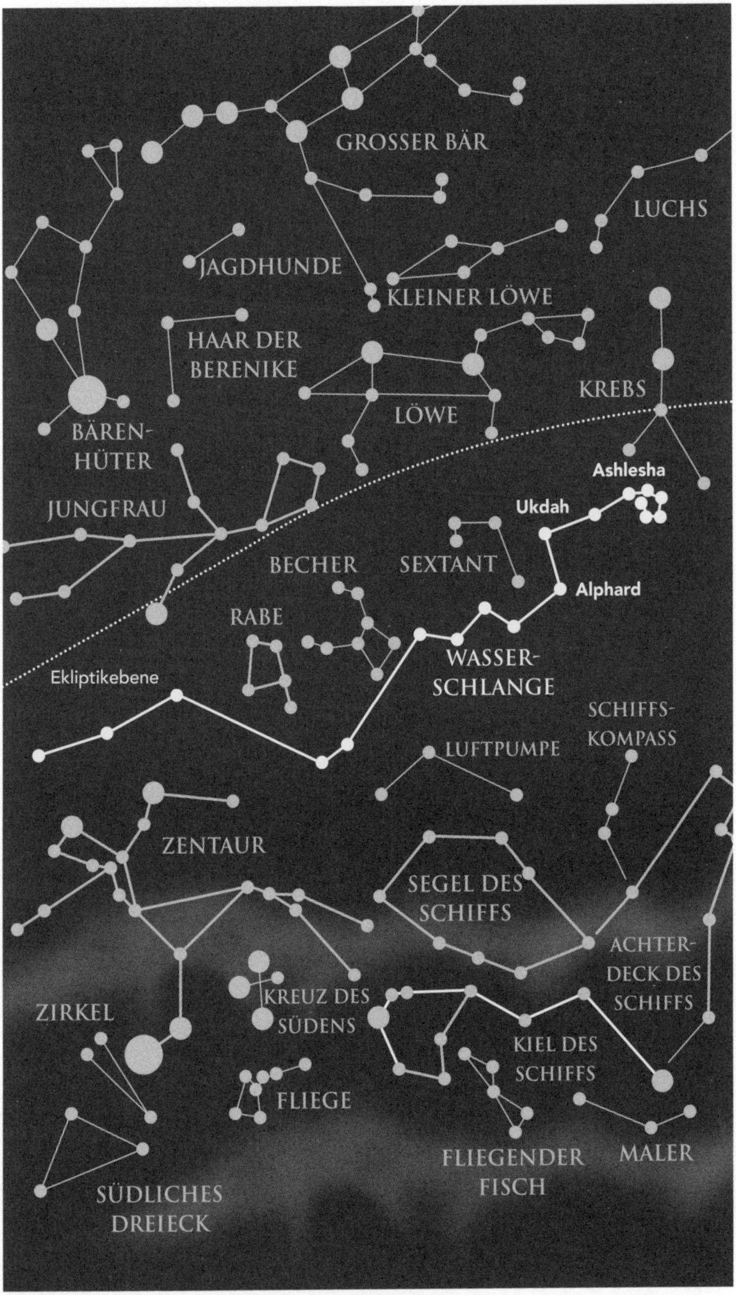
GROSSER BÄR
LUCHS
JAGDHUNDE
KLEINER LÖWE
HAAR DER BERENIKE
KREBS
LÖWE
BÄREN-HÜTER
Ashlesha
JUNGFRAU
Ukdah
BECHER
SEXTANT
Alphard
RABE
WASSER-SCHLANGE
Ekliptikebene
SCHIFFS-KOMPASS
LUFTPUMPE
ZENTAUR
SEGEL DES SCHIFFS
ACHTER-DECK DES SCHIFFS
ZIRKEL
KREUZ DES SÜDENS
KIEL DES SCHIFFS
FLIEGE
FLIEGENDER FISCH
MALER
SÜDLICHES DREIECK

MYTHEN & KULTURELLE VERBINDUNGEN

Das Sternbild Wasserschlange ist wahrscheinlich eine Adaption einer der zwei babylonischen Konstellationen, die Schlangen darstellten (die andere ist das Sternbild Schlange oder Serpens).

In der griechischen Mythologie war Hydra eine riesengroße, vielköpfige Kreatur, halb Frau, halb Schlange. Ihr Bruder war der vom Sternbild Draco verkörperte Drache Ladon. Hydra kommt im Mythos von Herakles vor. In einem Anfall von Wahnsinn (als Bestrafung von der Göttin Hera herbeigeführt) brachte Herakles seine Kinder und seine erste Frau Megara um. Als Buße dafür gab das Orakel von Delphi Herakles eine Reihe von Aufgaben, die Heraklestaten. Eine der Aufgaben war es, Hydra zu töten. Beim Kampf mit der Wasserschlange wurde Herakles von einer riesigen Krabbe (durch das Sternbild Krebs verkörpert) abgelenkt, die seine Füße angriff. Nachdem Herakles die Krabbe getötet hatte, konnte er Hydra mithilfe seines Neffen Iolaus besiegen. Anschließend tauchte Herakles seine Pfeile in Hydras giftiges Blut, eine Tat, die letztendlich zum Tod von Cheiron führte.

In einem anderen griechischen Mythos schickte Apollo seine Krähe los, um ihm etwas Wasser in einem Becher zu bringen. Unterwegs wurde der Vogel von einem voller Früchte hängenden Feigenbaum abgelenkt und erinnerte sich erst nach langer Verzögerung und vollem Bauch an seinen Auftrag. In dem Wissen, dass Apollo ärgerlich sein würde, zog die Krähe eine Schlange aus dem Wasser und erfand eine Geschichte darüber, wie diese sie attackiert und dadurch aufgehalten hatte. Apollo ließ sich nicht täuschen und schleuderte die Krähe (aus der das Sternbild Rabe entstand), den Becher und die Schlange (Hydra) in den Himmel. Zur Strafe verfügte er, dass die Krähe nie wieder singen, sondern nur kreischen und krächzen konnte.

PHILOSOPHIE & LEBENSTIPPS

Ablenkungen

Apollos Krähe geriet mit etwas in Konflikt, das uns alle befällt – Ablenkungen. Das moderne Leben ist voller Ablenkungen wie piepende Handys und Werbung, die um unsere Aufmerksamkeit buhlen. Während wir hin- und hergerissen werden, nimmt unsere Konzentrationsspanne ab und unser Stress nimmt zu. Ein Gegenmittel? Achtsamkeit üben. Probieren wir es gleich aus: Schalten Sie ab und nehmen Sie Ihren Atem wahr. Zählen Sie einatmen 1, ausatmen 2, einatmen 3 usw. bis 10. Und wieder bei 1 anfangen. Jedes Mal, wenn Sie abgelenkt werden, zurück zu einatmen 1, ausatmen 2, einatmen 3 ...

TECHNISCHE DATEN

Himmelsereignisse

- Sigma-Hydriden – 12. Dezember

Deep-Sky-Objekte

- Südliche Feuerradgalaxie (M83) – Spiralgalaxie
- M48 – offener Sternhaufen
- M68 (NGC 4590) – Kugelsternhaufen
- Tombaughs Kugelstern-Cluster (NGC 5694) – Kugelsternhaufen
- Jupiters Geist (NGC 3242) – planetarischer Nebel

WISSENSCHAFTLICHES

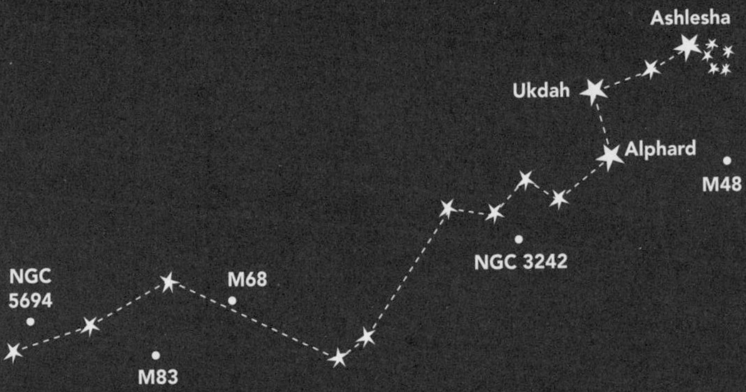

Mit nur 15 Millionen Lichtjahren ist die Südliche Feuerradgalaxie (M83) eine der nächsten und hellsten Spiralgalaxien. Es ist eine Riesengalaxie mit markanten Spiralarmen und einem schwachen Balken (siehe Wissenschaftliches, S. 115). Dicht bei M83 liegt die Zwerggalaxie NGC 5253. Zwischen den zwei Galaxien ist es in der letzten Billion von Jahren zu gravitativer Wechselwirkung gekommen, was in beiden Systemen zu starker Sternbildung geführt hat. NGC 5253 enthält einen sogenannten Superstern-Cluster, einen jungen massiver Cluster, der erst 3 Millionen Jahre alt ist. In diesem Sternhaufen gibt es viele Sterne des Wolf-Rayet-Typs – riesige Sterne, die in einer kurzlebigen, selten beobachteten Phase am Ende ihres Daseins sind.

WALFISCH

Griechisch: *Ketos*; Lateinisch: *Cetus*

Das ‚Seeungeheuer' Cetus befindet sich in einer als ‚Das Meer' bekannten Himmelsregion, die mehrere mit Wasser assoziierte Sternbilder einschließlich Eridanus, Fische und Wassermann umfasst.

Der Walfisch gehört zwar nicht offiziell zu den entlang der Ekliptikebene (dem Weg der Sonne am Himmel) ausgerichteten 12 Sternbildern des Tierkreises, doch die Ekliptik bewegt sich dicht an seine Grenze; das bedeutet, dass Cetus zu bestimmten Zeiten in Kontakt mit der Sonne und anderen Mitgliedern des Sonnensystems ist.

Obwohl es eine der größeren Konstellationen am Himmel ist, sind ihre Sterne relativ matt. Die Namen ihrer hellsten Sterne kommen aus dem Arabischen: Menkar (α Ceti, im Kopf des Ungeheuers platziert) bedeutet ‚Nase' und Deneb Kaitos (β Ceti, den Schwanz markierend) ‚Schwanz des Wals'. Der Stern Omicron Ceti (o Ceti) wurde im 17. Jahrhundert vom Astronomen Johannes Hevelius Mira (lat. ‚wundervoll' oder ‚erstaunlich') benannt. Es war der erste, 1596 entdeckte variable oder veränderliche Stern (ein Stern mit fluktuierender Helligkeit). Seine Helligkeit variiert so, dass sie in einem Zyklus von 332 Tagen für das bloße Auge verschwindet und dann wieder auftaucht.

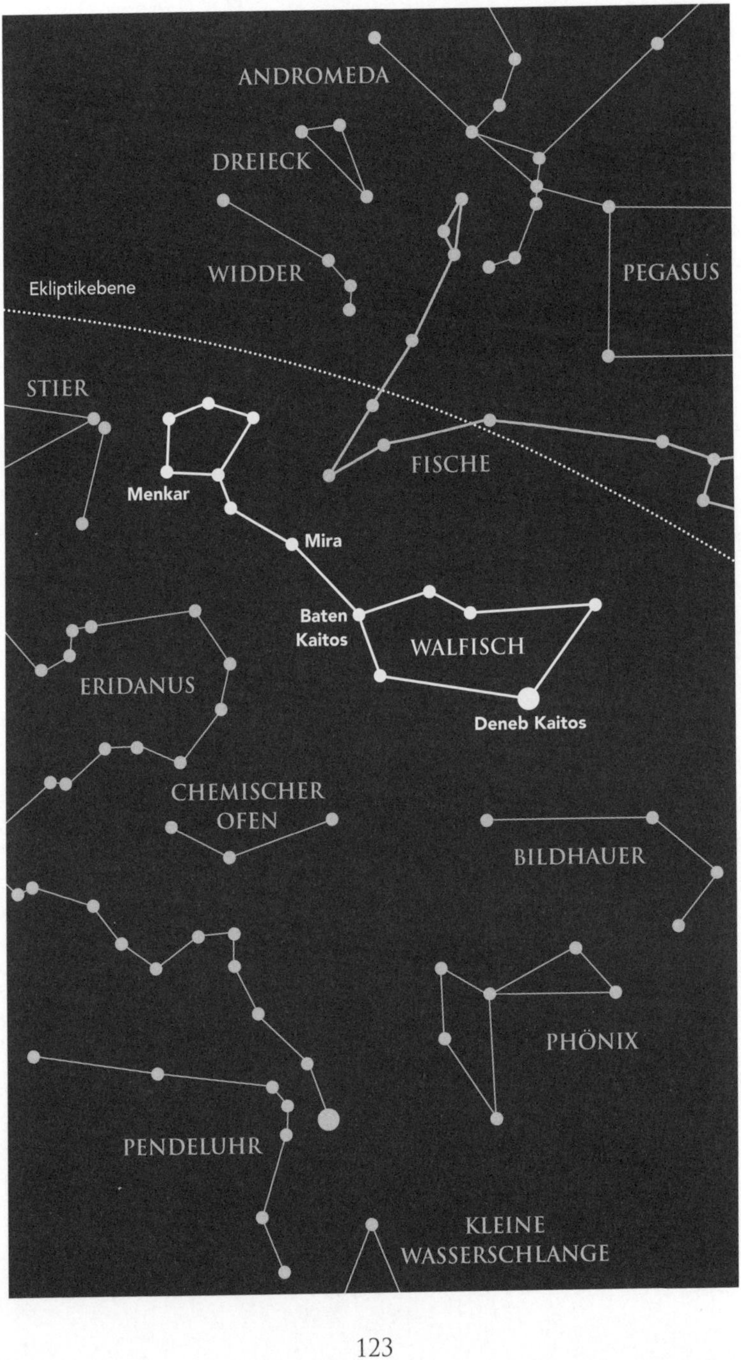
ANDROMEDA
DREIECK
WIDDER
PEGASUS
Ekliptikebene
STIER
FISCHE
Menkar
Mira
Baten
Kaitos
WALFISCH
Deneb Kaitos
ERIDANUS
CHEMISCHER
OFEN
BILDHAUER
PHÖNIX
PENDELUHR
KLEINE
WASSERSCHLANGE

Im alten Mesopotamien wurde Cetus möglicherweise mit einem Wal assoziiert. Der Begriff ‚Cetacean' (Meeressäugertier) leitet sich vom lateinischen Wort *cetus* ab.

Die Griechen brachten das Sternbild mit dem mythischen Seeungeheuer Ketos in Verbindung, dem die Prinzessin Andromeda als Bestrafung für die Prahlerei ihrer Mutter Kassiopeia geopfert wurde (siehe Abschnitt über Kassiopeia, S. 34, und Perseus, S. 52). Der Held Perseus rettete die Prinzessin in dem Moment, als Ketos sie verschlingen wollte, und tötete das Monster. In der griechischen Mythologie wurde Ketos gewöhnlich als Mischwesen mit Vorderfüßen, riesigen Kiefern und einem Schuppenkörper wie eine Seeschlange dargestellt. Im Verlauf der Geschichte hat man ihn jedoch auf unterschiedliche Weise abgebildet, so etwa als ‚Drachenfisch' (ein walartiges

Geschöpf) oder mit verschiedenen Tierköpfen auf einem fischartigen Körper.

Manche Historiker haben nahegelegt, dass Bilder von griechischen Seeungeheuern, die entlang der Seidenstraße aufgetaucht sind, möglicherweise Darstellungen des chinesischen Drachen und des indischen *makara* (einem legendären Seedrachen) beeinflusst haben, da sie eher einem Reptil oder einem Fisch ähneln. Die indigenen Völker der Tukano und Kobeua in Brasilien sehen einen Jaguar statt eines Seeungeheuers und identifizieren ihn mit ihrem Gott der Orkane und heftigen Stürme.

PHILOSOPHIE & LEBENSSTIL-TIPPS

Einflussreiche Ideen

Die Möglichkeit, dass griechische Bilder von Seeungeheuern Darstellungen von Drachen im Fernen Osten beeinflusst haben, erinnert daran, dass Ideen ihr eigenes Leben haben können. Das Wort ‚Meme', 1976 von Richard Dawkins geprägt, bezieht sich auf eine Idee, die sich analog zu Genen verbreitet. Erfolgreiche Memes verbreiten sich wie ein Lauffeuer; andere werden schnell vergessen. Wie in der Genetik bleiben Memes, die sich am effektivsten bei der Replikation erweisen, jahrhundertelang im ‚Meme-Pool'. Was wir im Alltag hören und anderen mitteilen, kann Ausmaße annehmen, die unsere kühnsten Träume übertreffen.

TECHNISCHE DATEN

Himmelsereignisse

- Lambda-Ketiden-Meteorschauer – 29. Oktober
- Omicron-Ketiden – 14.–25. Mai

Deep-Sky-Objekte

- M77 (NGC 1068) – Balkenspiralgalaxie
- NGC 17 – Spiralgalaxie
- NGC 45 – Balkenspiralgalaxie
- NGC 1055 – Spiralgalaxie
- NGC 1087 – Spiralgalaxie
- IC 1613 (Caldwell 51) – irreguläre Zwerggalaxie

WISSENSCHAFTLICHES

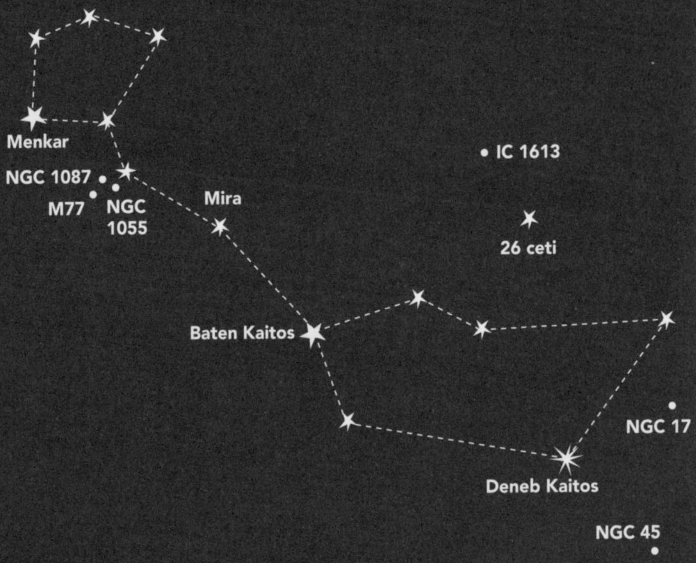

IC 1613 ist in der Nähe des schwachen Sterns 26 Ceti. Mit einer Entfernung von 2,4 Millionen Lichthagren ist er ein Mitglied unserer Lokalen Gruppe von Galaxien. Die Lokale Gruppe besteht aus über 50 Galaxien, die in zwei Clustern angeordnet sind: der Milchstraße und ihren Satelliten und der Andromedagalaxie und ihren Satelliten. Die ganze Gruppe hat einen Durchmesser von 10 Millionen Lichtjahren und eine Gesamtmasse von rund 2 Trillionen Sonnenmassen. Die Lokale Gruppe selbst gehört zum größeren Virgo-Supercluster mit mindestens 100 Galaxiengruppen und Clustern innerhalb eines Durchmessers von 110 Millionen Lichtjahren. Der Virgo-Supercluster ist einer von rund 10 Millionen Superclustern im observable beobachtbaren Universum.

DANKSAGUNG

Mein Dank geht an Monica Perdoni, Commissioning Editor, meine Lektorin Elizabeth Clinton und an das fantastische Grafikerteam von Leaping Hare Press. Danke an Dr. Rob Cockcroft für seinen Rat in Bezug auf Geschichten der indigenen Völkergruppen Nordamerikas und seine Kommentare zu einer früheren Version des Manuskripts. Dieses Buch wurde unter dem herrlich dunklen Himmel der Insel St. Helena im Südatlantik verfasst.

LITERATURVORSCHLÄGE

Eric Chaisson und Steve McMillan, *Astronomy: A Beginner's Guide to the Universe* (Pearson, 2016)

Guy Consolmagno und Dan M. Davis, *Turn Left at Orion* (Cambridge University Press, 2011)

Robin Hard, *Constellation Myths* (Oxford University Press, 2015)

Ian Ridpath, *Star Tales* (Lutterworth Press, 2018)